高等学校Java课程系列教材

Java课程设计

（第3版）

◎ 耿祥义 张跃平 编著

清华大学出版社
北京

内 容 简 介

在掌握了 Java 基本知识后，可以通过课程设计来巩固和提高 Java 编程技术，本书就是针对这一目的编写的。

本书以 8 个具有一定代表性的课程设计题目为框架，体现 MVC 模式和面向对象的设计思想，强化内置 Derby 数据库、网络 MySQL 数据库以及 Excel 工作簿在应用中的作用；设计思路清晰，便于理解，可帮助读者提高设计能力以及面向对象的编程能力；每个课程设计都按照 MVC 模式展开，每章内容都由设计要求、数据模型、简单测试、视图设计、GUI 程序、程序发布和课设题目 7 个部分构成；各个课程设计题目相互独立，读者可以从任何一个课程设计题目开始阅读本书，可以按照本书布置的课程设计作业来开发一个软件，也可以参考这些课程设计题目设计类似的软件。

本书不仅可以作为理工科各个专业 Java 课程设计的教材，也可作为自学者提高编程能力的参考书。

图书在版编目（CIP）数据

Java 课程设计 / 耿祥义，张跃平编著. —3 版. —北京：清华大学出版社，2018（2025.1重印）

（高等学校 Java 课程系列教材）

ISBN 978-7-302-48864-4

Ⅰ. ①J…　Ⅱ. ①耿…　②张…　Ⅲ. ①JAVA 语言 -程序设计　Ⅳ. ①TP312.8

中国版本图书馆 CIP 数据核字（2017）第 287202 号

责任编辑： 魏江江
封面设计： 刘　键
责任校对： 徐俊伟
责任印制： 杨　艳

出版发行： 清华大学出版社
网　　址： https://www.tup.com.cn, https://www.wqxuetang.com
地　　址： 北京清华大学学研大厦 A 座　　**邮　　编：** 100084
社 总 机： 010–83470000　　**邮　　购：** 010-62786544
投稿与读者服务： 010-62776969，c-service@tup.tsinghua.edu.cn
质量反馈： 010-62772015，zhiliang@tup.tsinghua.edu.cn
课件下载： https://www.tup.com.cn, 010–83470236
印 装 者： 三河市少明印务有限公司
经　　销： 全国新华书店
开　　本： 185mm×260mm　　**印　张：** 13　　**字　　数：** 325 千字
版　　次： 2004 年 1 月第 1 版　　2018 年 1 月第 3 版　　**印　　次：** 2025 年 1 月第 15 次印刷
印　　数： 28001～30000
定　　价： 34.50 元

产品编号：077170-01

第3版前言

本书以8个具有一定代表性的课程设计题目为框架，从各个方面展示了Java在应用系统开发中的实用技术。在第3版特别体现了MVC模式，对代码全部进行了新的设计和编写，充分体现面向对象的设计思想。另外，本书特别增加了使用数据库的训练，如内置Derby数据库、网络MySQL数据库以及操作Excel工作簿的新题目，并舍弃了第2版的一些题目。

本书中的课程设计题目互相独立，读者可以从任何一个课程设计题目开始阅读本书，每个课程设计都按照MVC模式展开，设计思路清晰，便于理解，可帮助读者提高设计能力以及面向对象的编程能力。本书每章内容都由设计要求、数据模型、简单测试、视图设计、GUI程序、程序发布和课设题目7个部分构成。读者可以按照本书布置的课程设计作业来开发一个软件，也可以参考这些课程设计题目设计类似的软件。读者阅读调试完8个课程设计后（建议至少阅读调试完前5个课程设计），在设计能力和编程技术能力方面一定会有收获，在此基础上再完成一个教材建议的课设题目或自己构思一个难度相当的课设题目。

虽然本书是《Java 2实用教程（第5版）》的配套教材，但也可以独立使用。

本书的全部代码都是作者亲自编写并且在JDK1.8运行环境下调试通过。本书代码仅供读者学习Java使用，不得以任何方式抄袭出版。大家也可关注作者微信公众号java-violin或访问作者个人网站http://gengxiangyi.lingw.net获得有关资料。

希望本书能对读者学习Java有所帮助，并请读者批评指正。

作　者

2017年10月

目录

第1章 动物换位

第2章 保存计算过程的计算器

第3章 单词簿

第 8 章 扫雷游戏

第 1 章　动物换位

1.1　设计要求

设计 GUI 界面的动物换位游戏，游戏结果是让左、右两组动物交换位置。具体要求如下：

① 在水平排列的 7 个位置上左、右各有 3 个类型相同的动物，中间的位置上没有动物。左边动物将其右侧视为自己的前进方向，右边动物将其左侧视为自己的前进方向。

② 单击一个动物，如果该动物的前方位置上没有动物，该动物就跳跃到该位置上，如果该动物的前方位置上有其他动物，但相隔一位的位置上没有其他动物，该动物就越过自己前面的动物跳跃至该隔位上，其他情形下该动物不能跳跃（跳跃时不能越过两个位置）。

③ 左面的动物只能向右方跳跃，右面的动物只能向左方跳跃。

④ 单击“撤销”按钮撤销上一次移动的动物，单击“重新开始”按钮可重新开始游戏。

程序运行的参考效果图如图 1.1 所示。

图 1.1　动物换位游戏

注意　按照 MVC-Model View Control（模型，视图，控制器）的设计思想展开程序的设计和代码的编写。数据模型部分相当于 MVC 中的 Model 角色，视图设计部分给出的界面部分相当于 MVC 中的 View，视图设计部分给出的事件监视器相当于 MVC 中的 Control。

1.2　数据模型

根据系统设计要求在数据模型部分编写了以下类。

- Animal 类：封装了左、右动物共同的属性和行为。
- LeftAnimal 类：Animal 的子类，封装了左边动物的独特行为。

- RightAnimal 类：Animal 的子类，封装了右边动物的独特行为。
- Point 类：刻画动物可以到达的位置。
- ViewForAnimal 类：封装制作动物视图的方法。

数据模型部分涉及的类的 UML 图如图 1.2 所示。

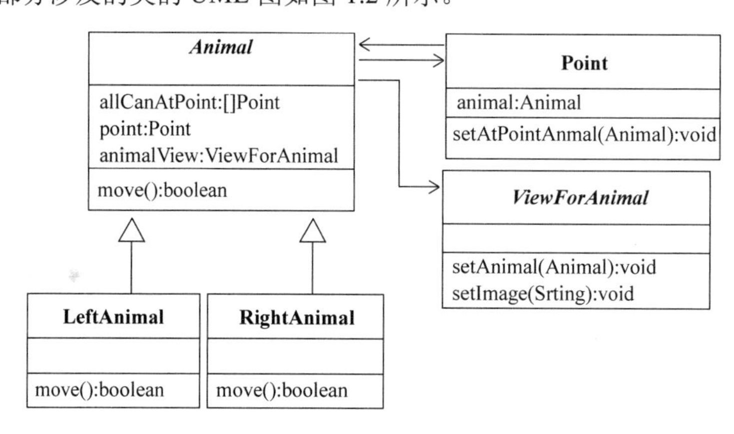

图 1.2　类的 UML 图

❶ 动物相关类

1）Animal 类

根据设计要求提出的动物的特点设计了以下 Animal 类用来刻画动物的数据和行为。Animal 类应当组合 Point 类的实例，以便知道自己的位置信息。Animal 类的一个重要行为是 move()行为，该行为体现动物运动的特点，move()的具体实现由 Animal 的 LeftAnimal 和 RightAnimal 子类去完成。

Animal.java

```
package ch1.data;
public abstract class Animal {
   String name ;
   Point [] allCanAtPoint;          //全部点位置
   Point point;                     //动物当前所在的点位置
   ViewForAnimal animalView;        //动物的外观视图
   public void setAtPoint(Point p) {
      if(p!=null){
        point = p;
        point.setIsHaveAnimal(true);
        point.setAtPointAnimal(this);
      }
   }
   public Point getAtPoint() {
      return point;
   }
   public void setAllCanAtPoint(Point [] point){
      allCanAtPoint = point;
   }
```

```
    public void setAnimalView(ViewForAnimal animalView) {
        this.animalView = animalView;
        animalView.setAnimal(this);
    }
    public ViewForAnimal getAnimalView() {
         return animalView;
    }
    public void setName(String s) {
        name = s;
    }
    public String getName() {
        return name;
    }
    public abstract boolean move();
}
```

2）LeftAnimal 和 RightAnimal 子类

Animal 类的 move()方法是 abstract 方法，move()的具体实现由 Animal 的 LeftAnimal 和 RightAnimal 子类按照设计要求去完成。代码分别如下。

LeftAnimal.java

```
package ch1.data;
public class LeftAnimal extends Animal{
   public boolean move(){
      int k = -1;
      boolean successMove = false;
      Point p = getAtPoint();                    //动物当前所在点
      for(int i=0;i<allCanAtPoint.length;i++){   //寻找 p 点的位置索引
         if(allCanAtPoint[i].equals(p)){
            k = i; //找到动物当前所处的位置:allCanAtPoint[k]
            break;
         }
      }
      if(k==allCanAtPoint.length-1){             //已经在最右面的点位置
          return false;
      }
      if(allCanAtPoint[k+1].isHaveAnimal()==false) {//前面位置上没有动物
         this.setAtPoint(allCanAtPoint[k+1]); //动物到达 allCanAtPoint[k+1]点
         successMove = true;
         p.setAtPointAnimal(null);             //p 点位置为无动物
         return successMove ;
      }
      if((k+1)==allCanAtPoint.length-1){       //前面位置上是已经到达终点的动物
          return false;
      }
      if(allCanAtPoint[k+2].isHaveAnimal()==false) {//前方隔位上没有动物
```

```
            this.setAtPoint(allCanAtPoint[k+2]);
            successMove = true;
            p.setAtPointAnimal(null);
            return successMove ;
        }
        return successMove ;
    }
}
```

RightAnimal.java

```
package ch1.data;
public class RightAnimal extends Animal{
    public boolean move(){
        int k = -1;
        boolean successMove = false;
        Point p = getAtPoint();                         //动物当前所在点
        for(int i=0;i<allCanAtPoint.length;i++){       //寻找 p 点的位置索引
            if(allCanAtPoint[i].equals(p)){
                k = i;
                break;
            }
        }
        if(k==0){  //已经在最左面的点位置
            return false;
        }
        if(allCanAtPoint[k-1].isHaveAnimal()==false) {//前面位置上没有动物
            this.setAtPoint(allCanAtPoint[k-1]);//动物到达 allCanAtPoint[k-1]点
            successMove = true;
            p.setAtPointAnimal(null);                   //p 点位置为无动物
            return successMove ;
        }
        if((k-1)==0){                                  //前面位置上是已经到达终点的动物
            return false;
        }
        if(allCanAtPoint[k-2].isHaveAnimal()==false) {//前方隔位上没有动物
            this.setAtPoint(allCanAtPoint[k-2]);//动物到达 allCanAtPoint[k-2]点
            successMove = true;
            p.setAtPointAnimal(null);                   //p 点位置为无动物
            return successMove ;
        }
        return successMove ;
    }
}
```

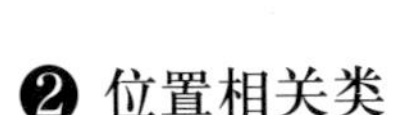

❷ 位置相关类

根据设计要求提出的动物运动位置的特点设计了以下 Point 类，用来刻画和位置相关的数据和行为，Point 类的实例称为一个点，是动物可以到达的点。Point 类的实例应当组合 Animal 的实例，以便告知在当前位置上的是 Animal 的哪个实例，即该点上是哪个动物。

Point.java

```
package ch1.data;
public class Point{
    int x,y;
    boolean haveAnimal;
    Animal animal=null;                  //在该点位置上的动物
    public void setX(int x){
        this.x=x;
    }
    public void setY(int y){
        this.y=y;
    }
    public boolean isHaveAnimal(){
        return haveAnimal;
    }
    public void setIsHaveAnimal(boolean boo){
        haveAnimal=boo;
    }
    public int getX(){
        return x;
    }
    public int getY(){
        return y;
    }
    public void setAtPointAnimal(Animal animal){
        this.animal=animal;
        if(animal!=null) {
            haveAnimal = true;
        }
        else {
            haveAnimal = false;
        }
    }
    public Animal getAtPointAnimal(){
        return animal;
    }
}
```

❸ 视图相关类

动物需要一个外观提供给游戏的玩家，以便玩家单击动物来运动当前动物。ViewForAnimal 类是 javax.swing.JComponent 的子类，以便其子类有具体的外观。另外 ViewForAnimal 类应当组合 Animal 类的实例，以便确定为哪个 Animal 实例提供视图，即该视图是哪个动物的视图。ViewForAnimal 的子类将在视图（View）设计部分给出，见 1.4 节中的 AnimalView 类。

ViewForAnimal.java

```
package ch1.data;
import javax.swing.JPanel;
public abstract class ViewForAnimal extends JPanel {
   public abstract void setAnimal(Animal animal);
   public abstract void setImage(String name);
   public abstract Animal getAnimal();
   public abstract void setAnimalViewLocation(int x,int y);
   public abstract void setAnimalViewSize(int w,int h);
}
```

1.3 简单测试

按照源文件中的包语句将相关的 Java 源文件保存到以下目录中：

```
D:\ ch1\data
```

编译各个源文件，例如：

```
D:\>javac/ch1/data/Animal.java
```

或一次编译全部源文件：

```
D:\>javac/ch1/data/*.java
```

把 1.2 节给出的类看作一个小框架，下面用框架中的类编写一个简单的应用程序，测试左、右动物运动换位，即在命令行表述对象的行为过程，如果表述成功（如果表述困难，说明数据模型不是很合理），那么就为以后的 GUI 程序设计提供了很好的对象功能测试，在后续的 GUI 设计中，重要的工作仅仅是为某些对象提供视图界面，并处理相应的界面事件而已。

将 AppTest.java 源文件按照包名保存到以下目录中：

```
D:\ch1\test
```

编译源文件：

```
D:\>javac ch1/test/AppTest.java
```

运行 AppTest 类（运行效果如图 1.3 所示）：

```
D:\>java ch1.test.AppTest
```

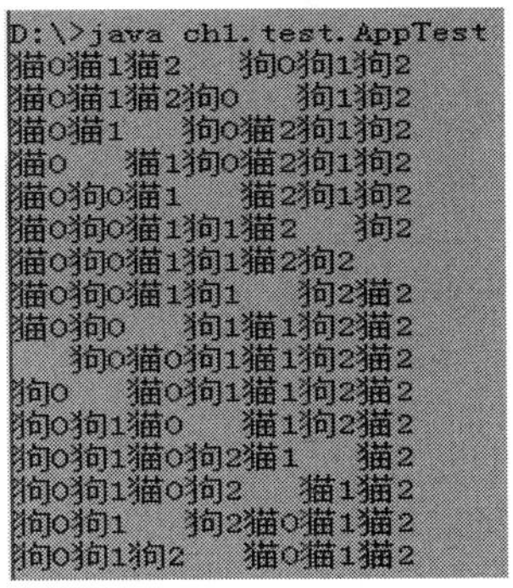

```
D:\>java ch1.test.AppTest
猫0猫1猫2    狗0狗1狗2
猫0猫1猫2狗0    狗1狗2
猫0猫1    狗0猫2狗1狗2
猫0    猫1狗0猫2狗1狗2
猫0狗0猫1    猫2狗1狗2
猫0狗0猫1狗1猫2    狗2
猫0狗0猫1狗1猫2狗2
猫0狗0猫1狗1    狗2猫2
猫0狗0    狗1猫1狗2猫2
    狗0猫0狗1猫1狗2猫2
狗0    猫0狗1猫1狗2猫2
狗0狗1猫0    猫1狗2猫2
狗0狗1猫0狗2猫1    猫2
狗0狗1猫0狗2    猫1猫2
狗0狗1    狗2猫0猫1猫2
狗0狗1狗2    猫0猫1猫2
```

图 1.3　简单测试

AppTest.java

```
package ch1.test;
import ch1.data.*;
public class AppTest {
  public static void main(String [] args) {
     Point [] point = new Point[7];          //创建 7 个点
     for(int i=0;i<point.length;i++) {
        point[i] = new Point();
        point[i].setX(i);
        point[i].setY(10);
     }
     Animal [] left = new Animal[3];         //3 个左边动物
     Animal [] right = new Animal[3];        //3 个右边动物
     for(int i =0;i<left.length;i++ ){       //把左边动物放在点上
       left[i] = new LeftAnimal();
       left[i].setName("猫"+i);
       left[i].setAtPoint(point[i]);
       left[i].setAllCanAtPoint(point);
     }
     for(int i =0;i<right.length;i++ ){      //把右边动物放在点上
       right[i] = new RightAnimal();
       right[i].setName("狗"+i);
       right[i].setAtPoint(point[4+i]);
       right[i].setAllCanAtPoint(point);
     }
     input(point);
     if(right[0].move())                     //让右边的第 1 个动物运动
       input(point);                         //输出各个点上有无动物的信息
     if(left[2].move())
       input(point);
     if(left[1].move())
       input(point);
     if(right[0].move())
       input(point);
```

```
            if(right[1].move())
              input(point);
            if(right[2].move())
              input(point);
            if(left[2].move())
              input(point);
            if(left[1].move())
              input(point);
            if(left[0].move())
              input(point);
            if(right[0].move())
              input(point);
            if(right[1].move())
              input(point);
            if(right[2].move())
              input(point);
            if(left[1].move())
              input(point);
            if(left[0].move())
              input(point);
            if(right[2].move())
              input(point);       //恭喜成功了
        }
        static void input(Point [] point){
            for(int i=0;i<point.length;i++){
                Animal animal=point[i].getAtPointAnimal();
                if(animal!=null)
                    System.out.print(animal.getName());
                else
                   System.out.print("    ");
            }
            System.out.println();
        }
    }
```

1.4 视图设计

设计 GUI 程序除了使用 1.2 节给出的类以外，需要使用 javax.swing 包提供的视图（也称 Java Swing 框架）以及处理视图上触发的界面事件。与 1.3 节中简单的测试相比，GUI 程序可以提供更好的用户界面，完成 1.1 节提出的设计要求。

GUI 部分设计的类如下（主要类的 UML 图如图 1.4 所示）。

- AnimalView 类：其实例为动物提供外观显示。
- GamePanel 类：其实例用于放置动物的外观，并组合负责处理界面事件的监视器。

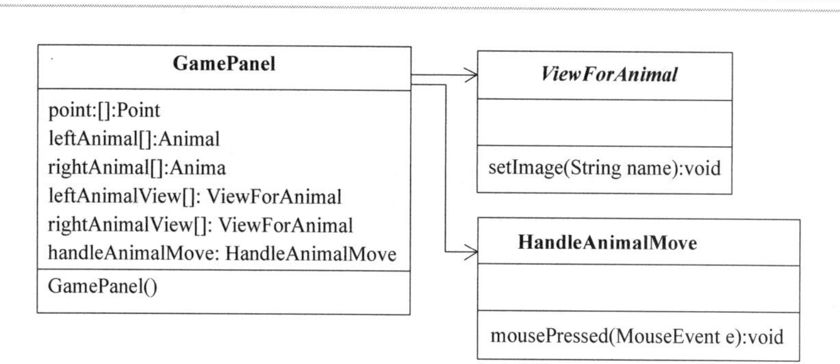

图 1.4　主要类的 UML 图

- HandleAnimalMove 类：其实例是一个监视器，该监视器负责处理 AnimalView 视图，即动物视图上触发的 MouseEvent 事件。当用户在动物视图上按下鼠标时该监视器让动物执行 move()方法，松开鼠标时该监视器检查用户是否成功地将左右动物互换完毕。
- HandleRedo 类：其实例是一个监视器，该监视器负责监视按钮上触发的 ActionEvent 事件，当用户单击按钮触发 ActionEvent 事件时，该监视器负责撤销用户移动动物的操作。
- HandleReStart 类：其实例是一个监视器，该监视器负责监视按钮上触发的 ActionEvent 事件，当用户单击按钮触发 ActionEvent 事件时，该监视器负责将游戏还原成最初始的样子。

❶ 视图相关类

1）AnimalView 类

AnimalView 类是 ViewForAnimal 类的子类，实现了 ViewForAnimal 类中定义的 abstract 方法，其实例通过绘制一幅图像提供动物的外观显示，例如绘制小狗或小猫的图像（如图 1.5 所示）。

图 1.5　AnimalView 类的两个实例

AnimalView.java

```
package ch1.view;
import java.awt.*;
import ch1.data.*;
public class AnimalView extends ViewForAnimal{
  Animal animal;             //要绘制图像的动物
  Image image;               //给动物绘制的图像
  Toolkit tool;              //负责绘制图像的 Toolkit 对象
  public AnimalView() {
    tool = getToolkit();
  }
```

```
    public void setAnimal(Animal animal){
       this.animal = animal;
    }
    public void setImage(String name){
       image = tool.getImage(name);
       repaint();
    }
    public Animal getAnimal() {
       return animal;
    }
    public void setAnimalViewLocation(int x,int y){
       setLocation(x,y);
    }
    public void setAnimalViewSize(int w,int h){
       setSize(w,h);
    }
    public void paintComponent(Graphics g){  //绘制图像的方法（自动执行）
       super.paintComponent(g);
       int w=getBounds().width;
       int h=getBounds().height;
       g.drawImage(image,0,0,w,h,this);
    }
}
```

2）GamePanel 类

GamePanel 类是 javax.swing.JPanel 类的子类，GamePanel 类的实例将 AnimalView 类的实例（动物视图）放置其中（如图 1.6 所示）。

图 1.6　GamePanel 类的实例

GamePanel.java

```
package ch1.view;
import javax.swing.*;
import java.awt.*;
import ch1.data.Animal;
import ch1.data.Point;
import ch1.data.ViewForAnimal;
import ch1.data.LeftAnimal;
import ch1.data.RightAnimal;
import java.util.*;
import java.awt.geom.*;
public class GamePanel extends JPanel {
```

```
public int animalCount = -1;                //动物总数
public Point [] point ;                     //放置动物的点
Animal [] leftAnimal,rightAnimal;           //左、右动物
public ViewForAnimal [] leftAnimalView,rightAnimalView;//动物视图
public int width =90,height=70;             //动物视图的大小
public int gap = 2;                         //动物之间的间隙
public JButton buttonRedo;                  //“撤销”按钮
public JButton buttonReStart;               //重新开始游戏
public Stack<Point> saveAnimalStep;         //存放动物走动的位置，以便恢复
HandleAnimalMove handleAnimalMove;          //负责处理 MouseEvent 的监视器
HandleRedo handleRedo;                      //负责 ActionEvent 的监视器
HandleReStart handleReStart;                //负责 ActionEvent 的监视器
public GamePanel(){
  setLayout(null);
  buttonRedo = new JButton("撤销");
  buttonReStart = new JButton("重新开始");
  saveAnimalStep = new Stack<Point>();
}
public void setAnimalCount(int n){          //动物总数必须是偶数
  if(n%2 != 0 ||n<=1) {
    System.out.println(n+"的个数不合理");
    System.exit(0);
  }
  removeAll();                              //首先移出曾添加到该容器中的全部组件
  animalCount = n;
  initPoitAndAnimal();                      //初始化动物和位置
  initLeftAnimalView();                     //初始化左动物视图
  initRightAnimalView();
  registerListener();                       //注册监视器
}
private void initPoitAndAnimal(){           //初始化动物和位置
  point = new Point[animalCount+1];
  int posionX = width;                      //点的位置的 x 坐标
  int posionY = height;
  for(int i=0;i<point.length;i++) {
     point[i] = new Point();
     point[i].setX(posionX);
     point[i].setY(posionY);
     posionX = posionX+width+gap;
  }
  int m = animalCount/2;
  leftAnimal = new LeftAnimal[m];
  rightAnimal = new RightAnimal[m];
  for(int i =0;i<leftAnimal.length;i++ ){
    leftAnimal[i] = new LeftAnimal();
    leftAnimal[i].setAtPoint(point[i]);
```

```
        leftAnimal[i].setAllCanAtPoint(point);
    }
    for(int i =0;i<rightAnimal.length;i++ ){
        rightAnimal[i] = new RightAnimal();
        rightAnimal[i].setAtPoint(point[m+1+i]);
        rightAnimal[i].setAllCanAtPoint(point);
    }
}
private void initLeftAnimalView(){            //初始化左动物视图
    int m = animalCount/2;
    leftAnimalView = new ViewForAnimal[m];
    for(int i =0;i<leftAnimalView.length;i++ ){
        leftAnimalView[i] = new AnimalView();
        leftAnimal[i].setAnimalView(leftAnimalView[i]);
        Point p = leftAnimal[i].getAtPoint();
        int x = p.getX();
        int y = p.getY();
        add(leftAnimalView[i]);
        //动物视图所在位置和动物所在点相同
        leftAnimalView[i].setAnimalViewLocation(x,y);
        leftAnimalView[i].setAnimalViewSize(width,height);
    }
}
private void initRightAnimalView(){           //初始化右动物视图
    int m = animalCount/2;
    rightAnimalView = new ViewForAnimal[m];
    for(int i =0;i<rightAnimalView.length;i++ ){
        rightAnimalView[i] = new AnimalView();
        rightAnimal[i].setAnimalView(rightAnimalView[i]);
        Point p = rightAnimal[i].getAtPoint();
        int x = p.getX();
        int y = p.getY();
        add(rightAnimalView[i]);
        rightAnimalView[i].setAnimalViewLocation(x,y);
        rightAnimalView[i].setAnimalViewSize(width,height);
    }
}
private void registerListener(){
     handleAnimalMove = new HandleAnimalMove(this);
     //监视用户在动物视图上触发的 MouseEvent 事件
     for(int i =0;i<rightAnimalView.length;i++ ){
        rightAnimalView[i].addMouseListener(handleAnimalMove);
     }
     for(int i =0;i<leftAnimalView.length;i++ ){
        leftAnimalView[i].addMouseListener(handleAnimalMove);
     }
```

```
        handleRedo = new HandleRedo(this);
        handleReStart = new HandleReStart(this);
        //监视用户在按钮上触发的 ActionEvent 事件
        buttonRedo.addActionListener(handleRedo);
        buttonReStart.addActionListener(handleReStart);
    }
    public void setLeftAnimalImage(String pic){
      if(animalCount==-1)
          return;
      for(int i =0;i<leftAnimalView.length;i++ ){
         leftAnimalView[i].setImage(pic);
      }
    }
    public void setRightAnimalImage(String pic){
      if(animalCount==-1)
          return;
      for(int i =0;i<rightAnimalView.length;i++ ){
         rightAnimalView[i].setImage(pic);
      }
    }
    public void paintComponent(Graphics g){
      int penHeight =12;  //画笔的厚度
      super.paintComponent(g);
      int xStart =width+gap;
      int yStart =2*height+penHeight/2;
      int xEnd =(animalCount+2)*width+(animalCount+1)*2;
      int yEnd =2*height+penHeight/2;
      Line2D line=new Line2D.Double(xStart,yStart,xEnd,yEnd);
      Graphics2D g_2d=(Graphics2D)g;
      g_2d.setColor(Color.blue);
      BasicStroke bs=
      new BasicStroke(penHeight,BasicStroke.CAP_ROUND,BasicStroke.JOIN_MITER);
      g_2d.setStroke(bs);
      g_2d.draw(line);
   }
}
```

❷ 事件监视器

事件监视器负责处理视图上触发的用户界面事件，以便完成相应的任务。

1）HandleAnimalMove 类

HandleAnimalMove 类是 MouseAdapter 类的子类，重写了 MouseAdapter 类的 mousePressed(MouseEvent e)和 mouseReleased(MouseEvent e)方法。在 mousePressed(MouseEvent e)方法中移动动物，在 mouseReleased(MouseEvent e)方法中判断用户是否成功完成动物的全部换位。

HandleAnimalMove.java

```
package ch1.view;
```

```
import java.awt.event.*;
import javax.swing.JOptionPane;
import ch1.data.Point;
import ch1.data.Animal;
import ch1.data.ViewForAnimal;
import ch1.data.LeftAnimal;
import ch1.data.RightAnimal;
public class HandleAnimalMove extends MouseAdapter {
    GamePanel panel;                          //需要处理界面事件的视图
    HandleAnimalMove(GamePanel panel){
       this.panel = panel;
    }
    public void mousePressed(MouseEvent e){
       ViewForAnimal animalView = (ViewForAnimal)e.getSource();
       Animal animal = animalView.getAnimal();
       Point pStart = animal.getAtPoint();  //得到动物移动前所在的点
       if(animal.move()) {
          Point pEnd = animal.getAtPoint(); //得到动物移动后所在的点
          int x = pEnd.getX();
          int y = pEnd.getY();
          animalView.setAnimalViewLocation(x,y);
                                            //让动物视图所在位置和动物所在点相同
          panel.saveAnimalStep.push(pStart);
          panel.saveAnimalStep.push(pEnd);
       }
   }
   public void mouseReleased(MouseEvent e){
        boolean success = true;
        int n =panel.animalCount/2;
        for(int i=0;i<n;i++){
           Animal animal=panel.point[i].getAtPointAnimal();
           success = success&&(animal instanceof RightAnimal);
           animal=panel.point[n+1+i].getAtPointAnimal();
           success = success&&(animal instanceof LeftAnimal);
           if(success == false)
             break;
        }
        if(success) {
           JOptionPane.showMessageDialog(null,"您成功了","消息框",
                                       JOptionPane.INFORMATION_MESSAGE);
        }
   }
}
```

2）HandleRedo 类

HandleRedo 类实现了 ActionListener 接口，重写了接口中的 actionPerformed(ActionEvent e)

方法，在 actionPerformed(ActionEvent e)方法中撤销用户移动动物的操作。

HandleRedo.java

```
package ch1.view;
import ch1.data.Point;
import ch1.data.Animal;
import ch1.data.ViewForAnimal;
import java.awt.event.*;
public class HandleRedo implements ActionListener {
    GamePanel panel;                                  //需要处理界面事件的视图
    HandleRedo(GamePanel panel){
       this.panel = panel;
    }
    public void actionPerformed(ActionEvent e){//撤销移动动物的操作
          if(panel.saveAnimalStep.empty())
             return;
          Point pEnd = panel.saveAnimalStep.pop();
          Point pStart = panel.saveAnimalStep.pop();
          Animal animal = pEnd.getAtPointAnimal();
          pEnd.setIsHaveAnimal(false);
          pEnd.setAtPointAnimal(null);
          animal.setAtPoint(pStart);
          ViewForAnimal animalView =animal.getAnimalView();
          int x = pStart.getX();
          int y = pStart.getY();
          animalView.setAnimalViewLocation(x,y);
                                                 //让动物视图所在位置和动物所在点相同
    }
}
```

3）HandleReStart 类

HandleReStart 类实现了 ActionListener 接口，重写了接口中的 actionPerformed(ActionEvent e)方法，在 actionPerformed(ActionEvent e)方法中将游戏还原成最初始的样子。

HandleReStart.java

```
package ch1.view;
import ch1.data.ViewForAnimal;
import java.awt.event.*;
public class HandleReStart implements ActionListener {
    GamePanel panel;                                  //需要处理界面事件的视图
    HandleReStart(GamePanel panel){
       this.panel = panel;
    }
    public void actionPerformed(ActionEvent e){//处理重新开始游戏
      panel.saveAnimalStep.clear();
      for(int i=0;i<panel.point.length;i++) {
```

```
            panel.point[i].setIsHaveAnimal(false);
        }
        for(int i =0;i<panel.leftAnimal.length;i++ ){
            panel.leftAnimal[i].setAtPoint(panel.point[i]);
            int x = panel.point[i].getX();
            int y = panel.point[i].getY();
            //让动物视图所在位置和动物所在点相同
            ViewForAnimal animalView =panel.leftAnimal[i].getAnimalView();
            animalView.setAnimalViewLocation(x,y);
        }
        for(int i =0;i<panel.rightAnimal.length;i++ ){
            int m = panel.animalCount/2;
            panel.rightAnimal[i].setAtPoint(panel.point[m+1+i]);
            int x = panel.point[m+1+i].getX();
            int y = panel.point[m+1+i].getY();
            //让动物视图所在位置和动物所在点相同
            ViewForAnimal animalView =panel.rightAnimal[i].getAnimalView();
            animalView.setAnimalViewLocation(x,y);
        }

    }
}
```

1.5 GUI 程序

按照源文件中的包语句将 1.4 节中相关的源文件保存到以下目录中：

```
D:\ch1\view\
```

编译各个源文件，例如：

```
D:\>javac ch1/view/AnimalView.java
```

把 1.2 节和 1.4 节给出的类看作一个小框架，下面用框架中的类编写 GUI 应用程序，完成 1.1 节给出的设计要求。

将 AppWindow.java 源文件按照包名保存到以下目录中：

```
D:\ch1\gui
```

编译源文件：

```
D:\>javac ch1/gui/AppWindow.java
```

或一次编译全部源文件：

```
D:\>javac/ch1/view/*.java
```

建立名字是 image 和 ch1 同级别的文件夹（这里需要在 D 盘下建立），并将名字是 cat.jpg

和 dog.jpg 的图像文件保存到该 image 中。

AppWindow 是 JFrame 的子类，其实例将 GamePanel 类的实例集成到窗体中，即提供游戏的主界面外观。

运行 AppWindow 类（运行效果如本章开始给出的图 1.1）：

```
D:\>java ch1.gui.AppWindow
```

AppWindow.java

```
package ch1.gui;
import javax.swing.*;
import java.awt.*;
import ch1.view.GamePanel;
public class AppWindow extends JFrame {
   GamePanel gamePanel;
   public AppWindow(){
      setTitle("动物换位游戏");
      gamePanel = new GamePanel();
      gamePanel.setAnimalCount(6);
      gamePanel.setLeftAnimalImage("/image/cat.jpg");
      gamePanel.setRightAnimalImage("/image/dog.jpg");
      add(gamePanel,BorderLayout.CENTER);
      gamePanel.setBackground(Color.white);
      JPanel northP = new JPanel();
      northP.add(gamePanel.buttonReStart);
      northP.add(gamePanel.buttonRedo);
      add(northP,BorderLayout.NORTH);
      setBounds(60,60,9*gamePanel.width+9*gamePanel.gap,300);
      validate();
      setDefaultCloseOperation(JFrame.EXIT_ON_CLOSE);
      setVisible(true);
   }
   public static void main(String args[] ){
      AppWindow win = new AppWindow();
   }
}
```

1.6　程序发布

用户可以使用 jar.exe 命令制作 JAR 文件来发布软件。

❶ 清单文件

编写以下清单文件（用记事本保存时需要将保存类型选择为“所有文件(*.*)”）：

ch1.mf

```
Manifest-Version: 1.0
Main-Class: ch1.gui.AppWindow
```

```
Created-By: 1.8
```

将 ch1.mf 保存到 D:\，即保存在包名所代表的目录的上一层目录中。

注意 清单中的 Manifest-Version 和 1.0 之间、Main-Class 和主类 ch1.gui.AppWindow 之间以及 Created-By 和 1.8 之间必须有且只有一个空格。

❷ 用批处理文件发布程序

在命令行中使用 jar 命令得到 JAR 文件：

```
D:\>jar cfm AnimalGame.jar ch1.mf  ch1/data/*.class ch1/view/*.class ch1/ gui/
*.class
```

其中，参数 c 表示要生成一个新的 JAR 文件，f 表示要生成的 JAR 文件的名字，m 表示清单文件的名字。如果没有任何错误提示，在 D:\下将产生一个名字是 AnimalGame.jar 的文件。

编写以下 animalGame.bat，用记事本保存该文件时需要将保存类型选择为“所有文件(*.*)”。

animalGame.bat

```
path.\jre\bin
pause
javaw -jar AnimalGame.jar
```

将 animalGame.bat 文件、AnimalGame.jar 文件和 image 文件夹（软件需要其他非 class 文件）复制到某个文件夹中，例如名字是 2000 的文件夹中。然后将调试程序使用的 JDK 安装目录下的 JRE 也复制到 2000 文件夹中。

可以将 2000 文件夹作为软件发布，也可以用压缩工具将 2000 文件夹下的所有文件压缩成.zip 或.jar 文件发布。用户解压后双击 animalGame.bat 即可运行程序。

如果客户的计算机上有 JRE，可以不把 JRE 复制到 2000 文件夹中，同时去除.bat 文件中的“path.\jre\bin”内容。

1.7 课设题目

❶ 动物换位游戏

在学习本章代码的基础上改进动物换位游戏，可以为程序增加任何合理的并有能力完成的功能，但至少要增加下列所要求的功能。

① 在 AppWindow 类中增加菜单，该菜单下有 3 个菜单项，分别是初级、中级和高级。初级时，游戏中的动物是 6 个，中级时是 8 个，高级时是 10 个。

② 在 AppWindow 类中增加菜单，该菜单下有两个菜单项，分别是“更改左动物图像”和“更改右动物图像”。用户单击菜单项弹出文件对话框，例如单击“更改左动物图像”菜单项，用户可以使用弹出的文件对话框为左边动物选择图像文件。

③ 增加音乐效果，让动物运动时程序能播放简短的声音，并且左、右动物运动时程序播放的声音不同（可参见第 8 章中的 ch8.view.PlayMusic 类）。用 Java 可以编写播放.au、.aiff、

.wav、.midi、.rfm 格式的音频。假设音频文件 hello.au 位于应用程序当前的目录中（包目录的父目录中），对有关播放音乐的知识总结如下：

➢ 创建 FILE 对象（FILE 类属于 JAVA.IO 包）

```
File musicFile=new File("hello.au");
```

➢ 获取 URI 对象（URI 类属于 JAVA.NET 包）

```
URI uri=musicFile.toURI();
```

➢ 获取 URL 对象（URL 类属于 JAVA.NET 包）

```
URI url=uri.toURI();
```

➢ 创建音频对象（AUDIOCLIP 和 APPLET 类属于 JAVA.APPLET 包）

```
AudioClip clip=Applet.newAudioClip(url);
```

➢ 播放、循环与停止

```
clip.play()  开始播放;
clip.loop()  循环播放;
clip.stop()  停止播放。
```

④ 使用 javax.swing.Timer 类增加计时功能（可参见《Java 2 实用教程》第 5 版的 12.9 节或参考本书第 6 章的 ch6.view.HandleMove 类）。

⑤ 如果完成了④，可为各个级别增加相应的“英雄榜”（建议看第 8 章的“英雄榜”——ch8.data.RecordOrShowRecord、ch8.view.Record 和 ch8.view.ShowRecord 类）。用户成功完成动物换位后，如果成绩能排进前 3 名就弹出一个对话框，将用户的成绩保存到“英雄榜”。

⑥ 为每个级别的菜单项增加一个子菜单项，负责查看该级别的“英雄榜”。

❷ 自定义题目

通过老师指导或自己查找资料自创一个题目。

第 2 章 保存计算过程的计算器

2.1 设计要求

参考 Windows 操作系统提供的计算器设计一个实用的计算器，要求除了具有普通的计算功能外，还具有保存计算过程的功能。

① 单击计算器上的数字按钮（0、1、2、3、4、5、6、7、8、9）可以设置参与计算的运算数。

② 单击计算器上的运算符按钮（+、−、*、/）可以选择运算符号。

③ 单击计算器上的函数按钮可以计算出相应的函数值。

④ 单击计算器上的等号（=）按钮显示计算结果。

⑤ 在一个文本框中显示当前的计算过程，在一个文本区中显示以往的计算过程。

⑥ 单击“保存”按钮可以将文本区中显示的全部计算过程保存到文件；单击“复制”按钮可以将文本区中选中的文本复制到剪贴板；单击“清除”按钮可以清除文本区中的全部内容。

程序运行的参考效果图如图 2.1 所示。

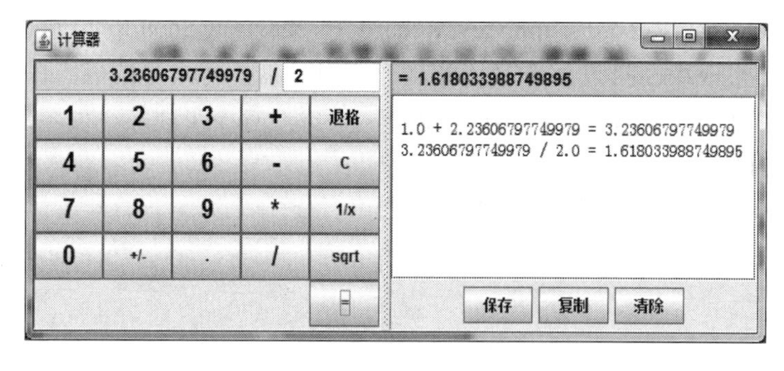

图 2.1 运行效果

注意 按照 MVC-Model View Control（模型，视图，控制器）的设计思想展开程序的设计和代码的编写。数据模型部分相当于 MVC 中的 Model 角色，视图设计部分给出的界面部分相当于 MVC 中的 View，视图设计部分给出的事件监视器相当于 MVC 中的 Control。

2.2 数据模型

根据系统设计要求在数据模型部分编写了以下类。

- Computer 类：封装计算器的计算模型。
- MathComputer 接口：封装复杂的数学计算方法。

- Sqrt 类：实现 MathComputer 接口，其实例负责计算平方根。
- Reciprocal 类：实现 MathComputer 接口，其实例负责计算倒数。
- PorN 类：实现 MathComputer 接口，其实例负责求负运算。

数据模型部分涉及的类的 UML 图如图 2.2 所示。

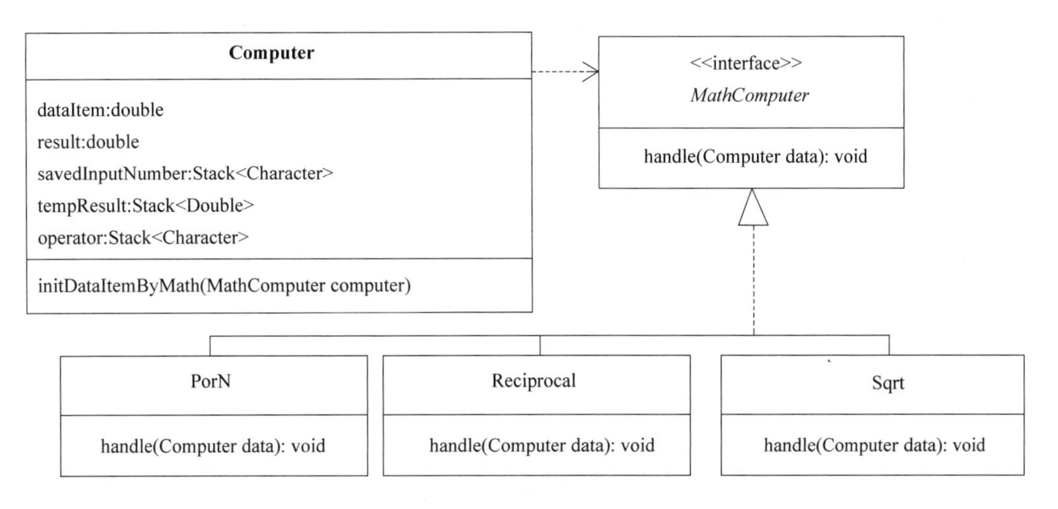

图 2.2　类的 UML 图

❶ 计算器相关类

Windows 操作系统提供的计算器的特点是所谓的累加计算。例如，当前计算器的临时结果值是 tempResult，如果用户选择的运算符号是+（−、*、/），并输入了参与下一次计算的 dataItem 的值，那么计算器再次计算出的临时结果是 tempResult+dataItem（tempResult-dataItem、tempResult*dataItem、tempResult/dataItem）。如果当前计算器的临时结果值是 tempResult，但用户没有输入参与下一次计算的 dataItem 的值，那么参与下一次计算的 dataItem 的值取当前计算器的临时结果值。

根据计算器的特点编写了刻画计算器的 Computer 类，封装了计算器的属性和行为。

Computer 类里使用了 Stack 类（堆栈），堆栈是一种后进先出的数据结构，只能在一端进行输入或输出数据的操作。堆栈把第一个放入该堆栈的数据放在最底下，而把后续放入的数据放在已有数据的顶上。向堆栈中输入数据的操作称为压栈，从堆栈中输出数据的操作称为弹栈。由于堆栈总是在顶端进行数据的输入与输出操作，所以弹栈总是输出（删除）最后压入堆栈中的数据，这就是后进先出的来历。

使用 java.util 包中的 Stack<E>泛型类创建一个堆栈对象，堆栈对象可以使用

```
public E push(E item);
```

实现压栈操作。使用

```
public E pop();
```

实现弹栈操作。使用

```
public boolean empty();
```

判断堆栈是否还有数据，如果有数据返回 false，否则返回 true。使用

```
public E peek();
```

获取堆栈顶端的数据，但不删除该数据。有关知识点可参考《Java 2 实用教程》第 5 版。

Computer.java

```
package ch2.data;
import java.util.*;
public class Computer {
  public double result;                          //计算所得结果
  public Stack<Character> dataItem;              //参与运算的数据项
  public Stack<Double>  tempResult;              //用堆栈存放临时结果
  public Stack<Character> operator;              //存放运算符号
  public Computer(){
     init();
  }
  public void init() {
     dataItem = new Stack<Character>();
     tempResult = new Stack<Double>();
     dataItem.push('0');
     operator = new Stack<Character>();
  }
  public void setDataItem(char c){
     if(c!='.')
      dataItem.push(c);
     else {
       if(!dataItem.contains('.'))
         dataItem.push(c);
     }
  }
  public void setOperator(char p){
     if(dataItem.empty()){              //如果没有数据项
       operator.clear();                //防止用户不断更换或反复单击一个运算符
       operator.push(p);                //堆栈压入运算符，即保留用户最后确定的运算符
       return;
     }
     if(operator.empty()) {                      //如果没有运算符
       operator.push(p);                         //堆栈压入运算符
       double m = computerDataItem();            //计算数据项
       dataItem.removeAllElements();             //将数据项中的数字清空
       tempResult.push(m);                       //把临时结果 m 压入 tempResult
     }
     else {                                      //如果有运算符
       double mData = computerDataItem();        //计算数据项
       dataItem.removeAllElements();             //将数据项中的数字清空
       char yuansuan =operator.pop();            //弹出已有的运算符
```

```
        double rTemp =tempResult.pop();//弹出临时结果
        if(yuansuan == '+'){
           rTemp = rTemp+mData;
        }
        else if(yuansuan == '-') {
           rTemp = rTemp-mData;
        }
        else if(yuansuan == '*') {
           rTemp = rTemp*mData;
        }
        else if(yuansuan == '/') {
           rTemp = rTemp/mData;
        }
        tempResult.push(rTemp);          //把新临时结果 rTemp 压入 tempResult
        operator.push(p);                //把新运算符压入 operator
     }
  }
  public char getOperator() {
     if(operator.empty()){
        return '\0';
     }
     return operator.peek();
  }
  public void backspace() {
     if(dataItem.size()>=1){
        dataItem.pop();
     }
  }
  public void initDataItemByMath(MathComputer computer){
      computer.handle(this);             //对 computer 中的数据项进行数学计算
  }
  public double getResult() {            //得到计算结果
     double endItem = 0;
     if(dataItem.empty()){
        endItem = tempResult.peek();
     }
     else {
        endItem = computerDataItem();
     }
     if(operator.empty()) {
        result = endItem;
        return result;
     }
     char yuansuan =operator.peek();     //最后的运算符
     if(yuansuan == '+'){
         result = tempResult.peek()+endItem;
```

```
        }
        else if(yuansuan == '-') {
            result = tempResult.peek()-endItem;
        }
        else if(yuansuan == '*') {
            result = tempResult.peek()*endItem;
        }
        else if(yuansuan == '/') {
            result = tempResult.peek()/endItem;
        }
        return result;
    }
    public double getTempResult() {        //得到临时结果
        double r = 0;
        if(tempResult.empty()){
            r = computerDataItem();
        }
        else {
            r= tempResult.peek();
        }
        return r;
    }
    public double computerDataItem(){     //计算出数据项的 double 型结果
        if(dataItem.empty()){
            return tempResult.peek();
        }
        StringBuffer str = new StringBuffer();
        double doubleData = 0;
        for(int i=0;i<dataItem.size();i++) {
            str.append(dataItem.get(i));//获取堆栈中的数字（但不弹栈）
        }
        try{
            doubleData = Double.parseDouble(str.toString());
        }
        catch(NumberFormatException exp){
            doubleData = 0;
        }
        return doubleData;
    }
}
```

❷ 数据处理相关类

1）MathComputer 接口

在设计程序时应尽量将数据的存储和处理指派给不同的类，这样不仅便于程序的设计，更重要的是便于程序的后期维护。因为对计算器上的数据处理（对参与计算的数据项 dataItem 进行处理）会涉及求平方根、正弦等较为复杂的处理，甚至程序设计者无法预料用户将来会按何种方式要求处理参与计算的数据项 dataItem，所以首先设计一个顶层的 MathComputer 接口。MathComputer 接口负责给出对数据模型进行操作的抽象方法，具体的实现由实现接口的类负责，当用户的需求发生变化时（例如需要求 cos 的值），框架中只需增加一个实现该接口的类，例如 Cos 类，不必修改框架中的数据模型 Computer 类（如图 2.2 所示）。

MathComputer.java

```
package ch2.data;
public interface MathComputer {
  public void handle(Computer data);
}
```

2）Sqrt 类

实现 MathComputer 接口，负责计算平方根。

Sqrt.java

```
package ch2.data;
public class Sqrt implements MathComputer {
  public void handle(Computer data){
      String s ="";
      double r =data.computerDataItem();
      r =Math.sqrt(r);
      Double d = new Double(r);
      long n = d.longValue();    //得到 r 整数部分
      if(Math.abs(r-n)>0)        //小数部分不是 0
          s =""+r;
      else
          s =""+n;               //如果小数部分是 0，省略小数
      data.dataItem.removeAllElements();
      for(int i = 0;i<s.length();i++){
        data.dataItem.push(s.charAt(i));
      }
  }
}
```

3）Reciprocal 类

实现 MathComputer 接口，负责计算倒数。

Reciprocal.java

```
package ch2.data;
public class Reciprocal implements MathComputer {
  public void handle(Computer data){
      String s ="";
      double r =data.computerDataItem();
      r =1/r;
      Double d = new Double(r);
      long n = d.longValue();    //得到 r 整数部分
```

```
        if(Math.abs(r-n)>0)     //小数部分不是 0
            s =""+r;
        else
            s =""+n;            //如果小数部分是 0，省略小数
        data.dataItem.removeAllElements();
        for(int i = 0;i<s.length();i++){
          data.dataItem.push(s.charAt(i));
        }
    }
}
```

4）PorN 类

实现 MathComputer 接口，负责求负运算。

PorN.java

```
package ch2.data;
public class PorN implements MathComputer {
   public void handle(Computer data){
        String s = "";
        double r =data.computerDataItem();
        r = -r;
        Double d = new Double(r);
        long n = d.longValue();     //得到 r 整数部分
        if(Math.abs(r-n)>0)         //小数部分不是 0
            s =""+r;
        else
            s =""+n;                //如果小数部分是 0，省略小数
        data.dataItem.removeAllElements();
        for(int i = 0;i<s.length();i++){
          data.dataItem.push(s.charAt(i));
        }
   }
}
```

2.3 简单测试

按照源文件中的包语句将 2.1 节相关的 Java 源文件保存到以下目录中：

```
D:\ch2\data
```

编译各个源文件，例如：

```
D:\>javac ch2/data/Computer.java
```

也可以编译全部源文件：

```
D:\>javac ch2/data/*.java
```

把 2.2 节给出的类看作一个小框架，那么 Computer 类和 MathComputer 接口是核心部分，而实现 MathComputer 接口的类是可扩展部分，即可以根据用户的需求随时增加若干个实现 MathComputer 接口的类。下面编写一个简单的应用程序，测试一下 2.2 节给出的类，即在命令行表述对象的行为过程，如果表述成功（如果表述困难，说明数据模型不是很合理），那么就为以后的 GUI 程序设计提供了很好的对象功能测试，在后续的 GUI 设计中，重要的工作仅仅是为某些对象提供视图界面，并处理相应的界面事件而已。下面的用户程序用 2.2 节中给出的类计算了（$3+\sqrt{15}$）/2。

将 AppTest.java 源文件按照包名保存到以下目录中：

```
D:\ch2\test\
```

编译源文件：

```
D:\>javac ch2/test/AppTest.java
```

运行 AppTest 类（运行效果如图 2.3 所示）：

```
D:\>java ch2.test.AppTest
```

```
D:\>java ch2.test.AppTest
TempResult=6.872983346207417
DataItem=2.0
result=3.4364916731037085
```

图 2.3 简单测试

AppTest.java

```
package ch2.test;
import ch2.data.*;
public class AppTest {
   public static void main(String [] args){
      Computer com = new Computer();
      com.setDataItem('3');
      com.setOperator('+');
      com.setDataItem('1');
      com.setDataItem('5');
      com.initDataItemByMath(new Sqrt());
      com.setOperator('/');
      com.setDataItem('2');
      System.out.println("TempResult="+com.getTempResult());
      System.out.println("DataItem="+com.computerDataItem());
      System.out.println("result="+com.getResult());
   }
}
```

2.4 视图设计

设计 GUI 程序除了使用 2.2 节给出的类以外，需要使用 javax.swing 包提供的视图（也称 Java Swing 框架）以及处理视图上触发的界面事件。与 2.3 节中简单的测试相比，GUI 程序可以提供更好的用户界面，完成 2.1 节提出的设计要求。

GUI 部分设计的类如下（主要类的 UML 图如图 2.4 所示）。

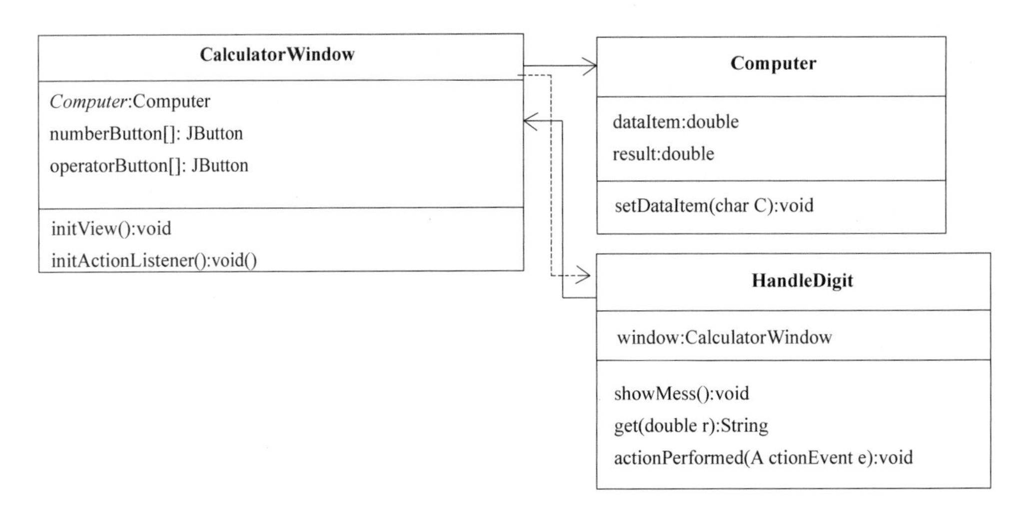

图 2.4　主要类的 UML 图

- CalculatorWindow 类：其实例为 Computer 类的实例提供外观显示。
- HandleEvent 类：实现 ActionListener 接口的类，封装了需要处理 ActionEvent 事件的共用方法。
- HandleDigit 类：HandleEvent 类的子类，其实例是一个监视器，负责处理用户单击数字按钮触发的 ActionEvent 事件。
- HandleBack 类：HandleEvent 类的子类，其实例是一个监视器，负责处理用户单击退格按钮触发的 ActionEvent 事件。
- HandleClear 类：HandleEvent 类的子类，其实例是一个监视器，负责处理用户单击清零按钮触发的 ActionEvent 事件。
- HandleEquation 类：HandleEvent 类的子类，其实例是一个监视器，负责处理用户单击等号按钮触发的 ActionEvent 事件。
- HandleFile 类：HandleEvent 类的子类，其实例是一个监视器，负责处理用户单击保存按钮触发的 ActionEvent 事件。
- HandleOperator 类：HandleEvent 类的子类，其实例是一个监视器，负责处理用户单击运算符按钮触发的 ActionEvent 事件。
- HandlePN 类：HandleEvent 类的子类，其实例是一个监视器，负责处理用户单击正负号按钮触发的 ActionEvent 事件。
- HandleReciprocal 类：HandleEvent 类的子类，其实例是一个监视器，负责处理用户单击求倒数按钮触发的 ActionEvent 事件。
- HandleSqrt 类：HandleEvent 类的子类，其实例是一个监视器，负责处理用户单击求平方根按钮触发的 ActionEvent 事件。

❶ 视图相关类

视图提供更加友好的交互界面，以便完成设计的有关要求，例如将用户输入的数字、计算结果以及计算过程显示在视图中。按照 2.1 节的设计要求编写以下 CalculatorWindow 类（JFrame 的子类）。CalculatorWindow 类主要是为 2.2 节中的 Computer 类提供视图（效果如图 2.1 所示），因此 CalculatorWindow 类需要组合 Computer 类的对象。

CalculatorWindow.java

```
package ch2.view;
import java.awt.*;
import java.awt.event.*;
import javax.swing.*;
import javax.swing.border.*;
import ch2.data.*;
public class CalculatorWindow extends JFrame {
   Computer computer;                         //需要提供视图的对象
   JButton numberButton[];                    //数字按钮
   JButton operatorButton[];                  //加、减、乘、除按钮
   JButton dot,pOrN,back,equation,clear; //小数点、正负号、退格、等号和清零按钮
   JButton sqrt,reciprocal;                   //求平方根、求倒数按钮
   JTextField resultShow;                     //显示计算结果
   JTextField showTempResult;                 //显示当前计算过程的临时结果
   JLabel showOperator;                       //显示运算符号
   JTextField showDataItem;                   //显示当前参与运算的数据项
   JTextArea  saveComputerProcess;            //显示计算步骤
   JButton saveButton,copyButton,clearTextButton;  //保存计算过程等按钮
   public CalculatorWindow(){
      computer = new Computer();
      initView();                             //设置界面
      initActionListener();                   //注册监视器
   }
   public void initView(){
      setTitle("计算器");
      JPanel panelLeft,panelRight;
      resultShow=new JTextField(10);
      resultShow.setHorizontalAlignment(JTextField.LEFT);
      resultShow.setForeground(Color.blue);
      resultShow.setFont(new Font("TimesRoman",Font.BOLD,14));
      resultShow.setEditable(false);
      resultShow.setBackground(Color.green);
      showTempResult=new JTextField();
      showTempResult.setHorizontalAlignment(JTextField.RIGHT);
      showTempResult.setFont(new Font("Arial",Font.BOLD,14));
      showTempResult.setBackground(Color.cyan);
      showTempResult.setEditable(false);
      showOperator = new JLabel();
      showOperator.setBackground(Color.pink);
      showOperator.setFont(new Font("Arial",Font.BOLD,18));
      showOperator.setHorizontalAlignment(JTextField.CENTER);
      showDataItem = new JTextField();
      showDataItem.setBackground(Color.white);
      showDataItem.setHorizontalAlignment(JTextField.LEFT);
```

```
showDataItem.setFont(new Font("Arial",Font.BOLD,14));
showDataItem.setEditable(false);
saveComputerProcess=new JTextArea();
saveComputerProcess.setEditable(false);
saveComputerProcess.setFont(new Font("宋体",Font.PLAIN,14));
numberButton=new JButton[10];
for(int i=0;i<=9;i++){
   numberButton[i]=new JButton(""+i);
   numberButton[i].setFont(new Font("Arial",Font.BOLD,20));
}
operatorButton=new JButton[4];
String 运算符号[]={"+","-","*","/"};
for(int i=0;i<4;i++){
  operatorButton[i]=new JButton(运算符号[i]);
  operatorButton[i].setFont(new Font("Arial",Font.BOLD,20));
}
dot=new JButton(".");
pOrN=new JButton("+/-");
equation=new JButton("=");
back = new JButton("退格");
clear = new JButton("C");
sqrt=new JButton("sqrt");
reciprocal=new JButton("1/x");
saveButton=new JButton("保存");
copyButton=new JButton("复制");
clearTextButton=new JButton("清除");
panelLeft=new JPanel();                  //开始布局，创建布局需要的容器
panelRight=new JPanel();
panelLeft.setLayout(new BorderLayout());
JPanel centerInLeft=new JPanel();
Box boxH=Box.createHorizontalBox();
boxH.add(showTempResult);
boxH.add(showOperator);
boxH.add(showDataItem);
panelLeft.add(boxH,BorderLayout.NORTH);
panelLeft.add(centerInLeft,BorderLayout.CENTER);
centerInLeft.setLayout(new GridLayout(5,5));
centerInLeft.add(numberButton[1]);    //布局的第 1 行
centerInLeft.add(numberButton[2]);
centerInLeft.add(numberButton[3]);
centerInLeft.add(operatorButton[0]);
centerInLeft.add(back);
centerInLeft.add(numberButton[4]);    //布局的第 2 行
centerInLeft.add(numberButton[5]);
centerInLeft.add(numberButton[6]);
centerInLeft.add(operatorButton[1]);
```

```
        centerInLeft.add(clear);
        centerInLeft.add(numberButton[7]);   //第 3 行
        centerInLeft.add(numberButton[8]);
        centerInLeft.add(numberButton[9]);
        centerInLeft.add(operatorButton[2]);
        centerInLeft.add(reciprocal);
        centerInLeft.add(numberButton[0]);   //第 4 行
        centerInLeft.add(pOrN);
        centerInLeft.add(dot);
        centerInLeft.add(operatorButton[3]);
        centerInLeft.add(sqrt);
        centerInLeft.add(new JLabel());      //第 5 行
        centerInLeft.add(new JLabel());
        centerInLeft.add(new JLabel());
        centerInLeft.add(new JLabel());
        centerInLeft.add(equation);
        panelRight.setLayout(new BorderLayout());
        panelRight.add(resultShow,BorderLayout.NORTH);
        panelRight.add(
        new JScrollPane(saveComputerProcess),BorderLayout.CENTER);
        JPanel southInPanelRight=new JPanel();
        southInPanelRight.add(saveButton);
        southInPanelRight.add(copyButton);
        southInPanelRight.add(clearTextButton);
        panelRight.add(southInPanelRight,BorderLayout.SOUTH);
        JSplitPane split=new JSplitPane
               (JSplitPane.HORIZONTAL_SPLIT,panelLeft,panelRight);
        add(split,BorderLayout.CENTER);
        setDefaultCloseOperation(JFrame.EXIT_ON_CLOSE);
        setVisible(true);
        setBounds(100,50,888,258);
        validate();
    }
    public void initActionListener(){
        HandleDigit handleDigit = new HandleDigit(this);
        for(int i=0;i<=9;i++){
          numberButton[i].addActionListener(handleDigit); //为数字按钮注册监视器
        }
        dot.addActionListener(handleDigit);
        HandleOperator handleOperator = new HandleOperator(this);
        for(int i=0;i<4;i++){
          operatorButton[i].addActionListener(handleOperator);
        }
        pOrN.addActionListener(new HandlePN(this));
        sqrt.addActionListener(new HandleSqrt(this));
        reciprocal.addActionListener(new HandleReciprocal(this));
```

```
        back.addActionListener(new HandleBack(this));
        equation.addActionListener(new HandleEquation(this));
        clear.addActionListener(new HandleClear(this));
        HandleFile handleFile = new HandleFile(this);
        saveButton.addActionListener(handleFile);
        copyButton.addActionListener(handleFile);
        clearTextButton.addActionListener(handleFile);
    }
}
```

❷ 事件监视器

事件监视器负责处理在视图上触发的用户界面事件，以便完成相应的任务。

1）HandleEvent 类

由于监视器处理事件时有许多共同的操作，因此编写一个实现 ActionListener 接口的 HandleEvent 类，其他监视器只要是 HandleEvent 的子类，子类根据各自的需要重写 ActionListener 接口中的方法即可。

HandleEvent.java

```
package ch2.view;
import java.awt.event.*;
public class HandleEvent implements ActionListener{
   CalculatorWindow window;
   HandleEvent(CalculatorWindow window) {
      this.window=window;
   }
   public void showMess() {
      window.resultShow.setText(" =  "+get(window.computer.getResult()));
      window.showTempResult.setText(get(window.computer.getTempResult())+"");
      window.showOperator.setText("  "+window.computer.getOperator()+"  ");
      window.showDataItem.setText(" "+get(window.computer.computerDataItem()));
   }
   public String get(double r){ //返回浮点数的串表示，如果小数部分是 0，省略小数
      String s="";
      Double d = new Double(r);
      long n = d.longValue();    //得到 r 整数部分
      if(Math.abs(r-n)>0)
          s =""+r;
      else
          s =""+n;
      return s;
   }
   public void actionPerformed(ActionEvent e){}
}
```

2）HandleDigit 类

HandleDigit 的实例负责监视 CalculatorWindow 视图中的数字按钮，即 numberButton 数

组中的数字按钮。当用户单击数字按钮时，通过处理 ActionEvent 事件通知视图中的数据模型 computer 更新自己的 dataItem 数据，并将 dataItem 数据及相关数据显示在 CalculatorWindow 视图中的某些组件里。

HandleDigit.java

```
package ch2.view;
import javax.swing.JButton;
import java.awt.event.*;
public class HandleDigit extends HandleEvent{
   HandleDigit(CalculatorWindow window) {
      super(window);
   }
   public void actionPerformed(ActionEvent e){
      JButton b = (JButton)e.getSource();
      String  buttomName = b.getText().trim();//去除前后空白区
      char digit = buttomName.charAt(0);
      window.computer.setDataItem(digit);
      showMess();
      if(digit == '.'){
        String s= get(window.computer.computerDataItem());
        window.showDataItem.setText("  "+s+".");
      }
   }
}
```

3）HandleOperator 类

HandleOperator 的实例负责监视 CalculatorWindow 视图中的加、减、乘、除按钮，当用户单击加、减、乘、除按钮中的某个按钮时，通过处理 ActionEvent 事件通知视图中的数据模型 computer 更新自己的运算符，并将相关数据显示在 CalculatorWindow 视图中的某些组件里。

HandleOperator.java

```
package ch2.view;
import javax.swing.JButton;
import java.awt.event.*;
public class HandleOperator extends HandleEvent{
   HandleOperator(CalculatorWindow window) {
      super(window);
   }
   public void actionPerformed(ActionEvent e){
      JButton b = (JButton)e.getSource();
      String  buttomName = b.getText().trim();//去除前后空白区
      char operator = buttomName.charAt(0);
      window.computer.setOperator(operator);
      showMess();
```

```
    }
}
```

4）HandleReciprocal 类

HandleReciprocal 的实例负责监视 CalculatorWindow 视图中的求倒数按钮。

HandleReciprocal.java

```
package ch2.view;
import java.awt.event.*;
import ch2.data.Reciprocal;
public class HandleReciprocal extends HandleEvent{
    HandleReciprocal(CalculatorWindow window) {
        super(window);
    }
    public void actionPerformed(ActionEvent e){
        window.computer.initDataItemByMath(new Reciprocal());
        showMess();
    }
}
```

5）HandleSqrt 类

HandleSqrt 的实例负责监视 CalculatorWindow 视图中的求平方根按钮。

HandleSqrt.java

```
package ch2.view;
import java.awt.event.*;
import ch2.data.Sqrt;
public class HandleSqrt extends HandleEvent{
    HandleSqrt(CalculatorWindow window) {
        super(window);
    }
    public void actionPerformed(ActionEvent e){
        window.computer.initDataItemByMath(new Sqrt());
        showMess();
    }
}
```

6）HandlePN 类

HandlePN 的实例负责监视 CalculatorWindow 视图中的正负按钮。

HandlePN.java

```
package ch2.view;
import java.awt.event.*;
import ch2.data.PorN;
public class HandlePN extends HandleEvent{
    HandlePN(CalculatorWindow window) {
```

```
        super(window);
    }
    public void actionPerformed(ActionEvent e){
        window.computer.initDataItemByMath(new PorN());
        showMess();
    }
}
```

7）HandleBack 类

HandleBack 的实例负责监视 CalculatorWindow 视图中的退格按钮。

HandleBack.java

```
package ch2.view;
import java.awt.event.*;
public class HandleBack extends HandleEvent{
    HandleBack(CalculatorWindow window) {
        super(window);
    }
    public void actionPerformed(ActionEvent e){
        window.computer.backspace();
        showMess();
    }
}
```

8）HandleClear 类

HandleClear 的实例负责监视 CalculatorWindow 视图中的清零按钮。

HandleClear.java

```
package ch2.view;
import java.awt.event.*;
public class HandleClear extends HandleEvent{
    HandleClear(CalculatorWindow window) {
        super(window);
    }
    public void actionPerformed(ActionEvent e){
        window.computer.init();
        showMess();
    }
}
```

9）HandleEquation 类

HandleEquation 的实例负责监视 CalculatorWindow 视图中的等号按钮。

HandleEquation.java

```
package ch2.view;
import java.awt.event.*;
public class HandleEquation extends HandleEvent{
```

```
    HandleEquation(CalculatorWindow window) {
       super(window);
    }
    public void actionPerformed(ActionEvent e){
       String mess=" "+window.computer.getTempResult()+" "+
                  window.computer.getOperator()+" "+
                  window.computer.computerDataItem()+" = "+
                  window.computer.getResult();
       window.saveComputerProcess.append("\n"+mess);
   }
}
```

10）HandleFile 类

HandleFile 的实例负责监视 CalculatorWindow 视图中的保存、复制和清除按钮。

HandleFile.java

```
package ch2.view;
import java.awt.event.*;
import java.io.*;
import javax.swing.JFileChooser;
public class HandleFile extends HandleEvent{
   HandleFile(CalculatorWindow window) {
      super(window);
   }
   public void actionPerformed(ActionEvent e){
      if(e.getSource()==window.copyButton)
         window.saveComputerProcess.copy();//复制选中的文本
      if(e.getSource()==window.clearTextButton)
         window.saveComputerProcess.setText(null);
      if(e.getSource()==window.saveButton){
         JFileChooser chooser=new JFileChooser();
         int state=chooser.showSaveDialog(null);
         File file=chooser.getSelectedFile();
         if(file!=null&&state==JFileChooser.APPROVE_OPTION){
           try{  String content=window.saveComputerProcess.getText();
                 StringReader read=new StringReader(content);
                 BufferedReader in= new BufferedReader(read);
                 FileWriter outOne=new FileWriter(file);
                 BufferedWriter out= new BufferedWriter(outOne);
                 String str=null;
                 while((str=in.readLine())!=null){
                    out.write(str);
                    out.newLine();
                 }
                in.close();
```

```
                out.close();
            }
            catch(IOException e1){}
        }
    }
  }
}
```

2.5 GUI 程序

按照源文件中的包语句将 2.4 节中相关的源文件保存到以下目录中：

```
D:\ch2\view\
```

编译各个源文件，例如：

```
D:\>javac ch2/view/CalculatorWindow.java
```

也可以编译全部源文件：

```
D:\>javac ch2/view/*.java
```

把 2.2 节和 2.4 节给出的类看作一个小框架，下面用框架中的类编写 GUI 应用程序，完成 2.1 节给出的设计要求。

将 AppWindow.java 源文件按照包名保存到以下目录中：

```
D:\ch2\gui
```

编译源文件：

```
D:\>javac ch2/gui/AppWindow.java
```

运行 AppWindow 类（运行效果如本章开始给出的图 2.1）：

```
D:\>java ch2.gui.AppWindow
```

AppWindow.java

```
package ch2.gui;
import ch2.view.CalculatorWindow;
public class AppWindow {
  public static void main(String [] args) {
    CalculatorWindow win = new CalculatorWindow();
  }
}
```

2.6 程序发布

用户可以使用 jar.exe 命令制作 JAR 文件来发布软件。

❶ 清单文件

编写以下清单文件（用记事本保存时需要将保存类型选择为“所有文件(*.*)”）：

ch2.mf

```
Manifest-Version: 1.0
Main-Class: ch2.gui.AppWindow
Created-By: 1.8
```

将 ch2.mf 保存到 D:\，即保存在包名所代表的目录的上一层目录中。

> **注意**　清单中的 Manifest-Version 和 1.0 之间、Main-Class 和主类 ch2.gui.AppWindow 之间以及 Created-By 和 1.8 之间必须有且只有一个空格。

❷ 用批处理文件发布程序

在命令行中使用 jar 命令得到 JAR 文件：

```
D:\>jar cfm Calculator.jar ch2.mf  ch2/data/*.class ch2/view/*.class ch2/gui/
*.class
```

其中，参数 c 表示要生成一个新的 JAR 文件，f 表示要生成的 JAR 文件的名字，m 表示清单文件的名字。如果没有任何错误提示，在 D:\下将产生一个名字是 Calculator.jar 的文件。

编写以下 calculator.bat，用记事本保存该文件时需要将保存类型选择为“所有文件(*.*)”。

calculator.bat

```
path.\jre\bin
pause
javaw -jar Calculator.jar
```

将该文件保存到自己命名的某个文件夹中，例如名字是 2000 的文件夹中。然后将 Calculator.jar 和 JRE（即调试程序使用的 JDK 安装目录下的 JRE 子目录）复制到 2000 文件夹中。在 2000 文件夹中再保存一个软件运行说明书，提示双击 calculator.bat 即可运行程序。

可以将 2000 文件夹作为软件发布，也可以用压缩工具将 2000 文件夹下的所有文件压缩成.zip 或.jar 文件发布。用户解压后双击 calculator.bat 即可运行程序。

如果客户计算机上肯定有 JRE，可以不把 JRE 复制到 2000 文件夹中，同时去除.bat 文件中的“path.\jre\bin”内容。

2.7　课设题目

❶ 保存计算过程的计算器

在学习本章代码的基础上改进程序的功能，可以为程序增加任何合理的并有能力完成的功能，但至少要增加下列所要求的功能。

① 在保存计算过程到文件的同时也把当前时间保存到该文件。

② 参考《Java 2 实用教程》第 5 版的 9.8 节，实现将按钮绑定到键盘。

③ 增加音乐效果，用户单击按钮时程序能播放简短的声音，让用户通过声音知道自己单击了怎样的按钮（是否打开音效用户可以选择，参见第 8 章中的 ch8.view.PlayMusic 类）。

④ 可以让用户选择计算器的精度，例如小数点最多保留两位等。

⑤ 计算器用 BigInteger 类（参见《Java 2 实用教程》第 5 版的 8.7 节）计算阶乘。

❷ 自定义题目

通过老师指导或自己查找资料自创一个题目，例如针对某些行业的特殊计算器。

第3章 单词簿

3.1 设计要求

设计 GUI 界面的单词簿。具体要求如下：

① 使用内置 Derby 数据库。在数据库中使用表存储单词和该单词的翻译解释，例如“sun，太阳”“moon，月亮”等。

② 通过 GUI 界面管理单词簿。可以向单词簿添加单词，可以修改单词簿中的单词，可以删除单词簿中的单词。

③ 通过 GUI 界面查询单词。可以查询一个，随机查询若干个或全部单词。

程序运行的参考效果图如图 3.1 所示。

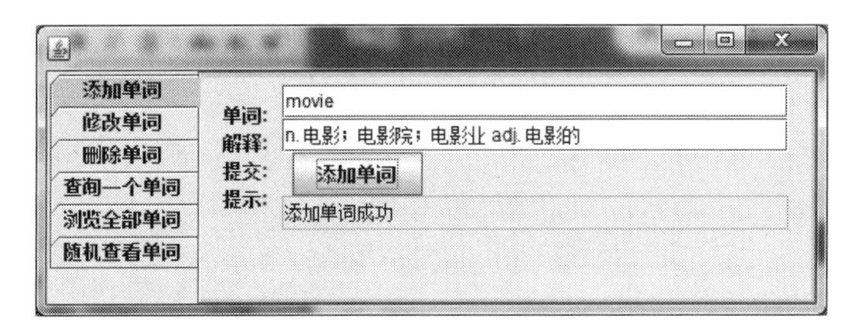

图 3.1　单词簿

> **注意**　我们按照 MVC-Model View Control（模型，视图，控制器）的设计思想展开程序的设计和代码的编写。数据模型部分相当于 MVC 中的 Model 角色，视图设计部分给出的界面部分相当于 MVC 中的 View，视图设计部分给出的事件监视器相当于 MVC 中的 Control。

3.2 数据模型

根据系统设计要求在数据模型部分编写了以下类。

- CreateDatabaseAndTable 类：负责创建数据库和表。
- Word 类：负责封装单词。
- ConnectDatabase 类：负责连接数据库。
- AddWord 类：负责向表中添加单词。
- UpdateWord 类：负责修改表中的单词。
- DelWord 类：负责删除表中的单词。
- QueryOneWord 类：负责查询表中的一个单词。

- QueryAllWord 类：负责查询表中的全部单词。
- RandomQueryWord 类：负责随机查询表中的单词。

数据模型部分涉及的主要类的 UML 图如图 3.2 所示。

CreateDatabaseAndTable
con:Connection
CreateDatabaseAndTable()

AddWord
con:Connection
insertWord(Word word):int

图 3.2　主要类的 UML 图

❶ 数据库相关类

Derby 是一个纯 Java 实现、开源的数据库管理系统，安装 JDK 之后（1.6 或更高版本）会在安装目录下找到一个名字是 db 的子目录，在该目录下的 lib 子目录中提供了操作 Derby 数据库所需要的类（加载驱动的类）。Derby 数据库管理系统大约只有 2.6MB，相对于那些大型的数据库管理系统可谓是小巧玲珑，Derby 数据库具有几乎大部分数据库应用所需要的特性。Derby 数据库管理系统使得应用程序内嵌数据库成为现实，可以让应用程序能更好、更方便地处理相关的数据。内置 Derby 数据库的特点是应用程序必须和该 Derby 数据库驻留在相同计算机上，并且在当前计算机中同一时刻不能有两个程序访问同一个内置数据库。

连接内置 Derby 数据库需要有关的类，这些类以 JAR 文件的形式存放在 Java 安装目录的“db\lib”目录中，例如：

```
D:\jdk1.8\db\lib
```

为了使用这些类，需要把 Java 安装目录“\db\lib”下的 JAR 文件 derby.jar 复制到 Java 运行环境（JRE）的扩展中，即将这些 JAR 文件存放在 JDK 安装目录的“\jre\lib\ext”目录中，例如：

```
E:\jdk1.8\jre\lib\ext
```

另外，在安装 JDK 的同时还额外安装了一个 Java 运行环境（JRE），默认安装在“C:\Program Files (x86)”或“C:\Program Files”中，为防止设置环境变量（path）时设置了优先使用该 Java 运行环境，需要把 derby.jar 也复制到该 Java 运行环境的扩展中。

当涉及数据库时，数据库中的表以及表的结构是十分重要的，因为后续的代码依赖于这些结构，例如向数据库表中插入记录，更新、删除数据库表中的记录等，都需要知道表的名字以及结构。即某些代码会和数据库表的结构形成紧耦合关系，因此表的结构一旦更改必然引起代码的修改。

根据设计要求建立名字是 MyEnglishBook 的数据库，在该库中建立名字是 word_table 的表，其结构如下：

```
(word varchar(50) primary key,meaning varchar(200))
```

在表中的记录里一条记录的 word 字段的值是单词，meaning 字段的值是单词的解释，其中 word 是主键（primary key），即不允许表里任何两条记录的 word 字段值相同。

1）封装单词数据的 Word 类

在数据库设计中需要用类来封装表的基本结构，这对于后续代码的设计是非常有利的。

下列 Word 类封装表结构。

Word.java

```
package ch3.data;
public class Word{
   String englishWord;   //单词
   String meaning;       //单词的解释
   public void setEnglishWord(String englishWord){
      this.englishWord = englishWord;
   }
   public String getEnglishWord() {
      return englishWord;
   }
   public void setMeaning(String meaning){
      this.meaning = meaning;
   }
   public String getMeaning() {
      return meaning;
   }
}
```

2）创建数据库和表

通过创建 CreateDatabaseAndTable 对象来创建 MyEnglishBook 数据库，并在数据库中创建 word_table 表。如果数据库 MyEnglishBook 不存在，就创建该数据库，并建立连接。如果数据库 MyEnglishBook 已经存在，那么不再创建 MyEnglishBook 数据库，而直接与其建立连接。运行环境会在当前应用程序所在目录下建立名字是 MyEnglishBook 的文件夹作为 Derby 数据库（也是特色），该子目录下存放着和该数据库相关的配置文件。例如，如果程序的包名目录是"ch3\data"，运行环境在包名目录的父目录中建立名字是 MyEnglishBook 的文件夹（这里是在 D 盘下）。

CreateDatabaseAndTable.java

```
package ch3.data;
import java.sql.*;
public class CreateDatabaseAndTable{
   Connection con;
   public  CreateDatabaseAndTable(){
      try{Class.forName("org.apache.derby.jdbc.EmbeddedDriver");
      }
      catch(Exception e){}
      try{                                    //创建名字是MyEnglishBook的数据库
         String uri ="jdbc:derby:MyEnglishBook;create=true";
         con=DriverManager.getConnection(uri);    //连接数据库代码
         //如果已经知道数据存在，可以直接让 create 取值 false
      }
      catch(Exception e){}
      try {
```

```
          Statement sta = con.createStatement();
          String SQL="create table word_table"+
          "(word varchar(50) primary key,meaning varchar(200))";
          sta.executeUpdate(SQL);//创建表
          con.close();
       }
       catch(SQLException e) {     //如果表已经存在，将触发 SQL 异常，即不再创建该表
       }
    }
}
```

3）连接数据库的类

由于后续很多类的实例都需要连接数据库，因此将连接数据库的有关代码封装到 ConnectDatabase 类中，其他需要连接数据库并进行相关操作的类只要扩展该类就可以使用连接数据库的代码。

ConnectDatabase.java

```
package ch3.data;
import java.sql.*;
public class ConnectDatabase{
   Connection con;
   public final void connectDatabase() {
      try{
        String uri ="jdbc:derby:MyEnglishBook;create=false";
        con=DriverManager.getConnection(uri);     //连接数据库的代码
      }
      catch(Exception e){}
   }
}
```

❷ 添加、更新和删除单词的类

1）添加单词的类

AddWord 类的实例使用 int insertWord(Word word)方法向 word_table 表添加单词。

AddWord.java

```
package ch3.data;
import java.sql.*;
public class AddWord extends ConnectDatabase{
   int isOK ;
   public int insertWord(Word word) {
      connectDatabase();                              //连接数据库（继承的方法）
      try {
          String SQL ="insert into word_table values(?,?)";
          PreparedStatement sta  = con.prepareStatement(SQL);
          //从左向右数第 1 个通配符?的值是 word.getEnglishWord()
          sta.setString(1,word.getEnglishWord());
```

```
            //从左向右数第 2 个通配符?的值是 word.getMeaning()
            sta.setString(2,word.getMeaning());
            isOK = sta.executeUpdate();
            con.close();
        }
        catch(SQLException e) {
            isOK = 0; //word_table 表中的 word 字段是主键，即不允许单词重复
        }
        return isOK;
    }
}
```

2）更新单词的类

UpdateWord 类的实例使用 int updateWord(Word word)方法更新 word_table 表中的单词。

UpdateWord.java

```
package ch3.data;
import java.sql.*;
public class UpdateWord extends ConnectDatabase{
   int isOK;
   public int updateWord(Word word) {
      connectDatabase();//连接数据库（继承的方法）
      try {
          String SQL ="update word_table set meaning = ? where word = ? ";
          PreparedStatement sta = con.prepareStatement(SQL);
          //从左向右数第 1 个通配符?的值是 word.getMeaning()
          sta.setString(1,word.getMeaning());
          //从左向右数第 2 个通配符?的值是 word.getEnglishWord()
          sta.setString(2,word.getEnglishWord());
          isOK = sta.executeUpdate();
          con.close();
      }
      catch(SQLException e) {
          isOK = 0;
      }
       return isOK;
   }
}
```

3）删除单词的类

DelWord 类的实例使用 int delWord(Word word)方法删除 word_table 表中的单词。

DelWord.java

```
package ch3.data;
import java.sql.*;
public class DelWord extends ConnectDatabase{
   int isOK ;
```

```
    public int delWord(Word word) {
       connectDatabase();//连接数据库（继承的方法）
       try {
          String SQL ="delete from word_table where word = ? ";
          PreparedStatement sta  = con.prepareStatement(SQL);
          //从左向右数第 1 个通配符?的值是 word.getEnglishWord()
          sta.setString(1,word.getEnglishWord());
          isOK = sta.executeUpdate();
          con.close();
       }
       catch(SQLException e) {
          isOK = 0;
       }
       return isOK;
    }
}
```

❸ 查询单词的类

1）查询一个单词的类

QueryOneWord 类的实例使用 Word queryOneWord(Word word)方法查询 word_table 表中的一个单词。

QueryOneWord.java

```
package ch3.data;
import java.sql.*;
public class QueryOneWord extends ConnectDatabase{
   public Word queryOneWord(Word word) {
      connectDatabase(); //连接数据库（继承的方法）
      Word result = null;
      Statement sql;
      ResultSet rs;
      String str =
      "select * from word_table where word ='"+word.getEnglishWord()+"'";
      try {
        sql=con.createStatement();
        rs=sql.executeQuery(str);
        if(rs.next()){
          result = new Word();
          result.setEnglishWord(rs.getString(1));
          result.setMeaning(rs.getString(2));
        }
        con.close();
      }
      catch(SQLException e) {}
```

```
      return result;
    }
  }
```

2）查询全部单词的类

QueryAllWord 类的实例使用 Word[] queryAllWord()方法查询 word_table 表中的全部单词。

QueryAllWord.java

```
package ch3.data;
import java.sql.*;
public class QueryAllWord extends ConnectDatabase{
  public Word[] queryAllWord() {
    connectDatabase();                    //连接数据库（继承的方法）
    Word [] word = null;
    Statement sql;
    ResultSet rs;
    try {
     sql=con.createStatement
     (ResultSet.TYPE_SCROLL_INSENSITIVE,ResultSet.CONCUR_READ_ONLY);
      rs=sql.executeQuery("select * from word_table");
      rs.last();
      int recordAmount =rs.getRow();     //结果集中的全部记录
      word = new Word[recordAmount];
      for(int i=0;i<word.length;i++){
        word[i] = new Word();
      }
      rs.beforeFirst();
      int i=0;
      while(rs.next()) {
        word[i].setEnglishWord(rs.getString(1));
        word[i].setMeaning(rs.getString(2));
        i++;
      }
      con.close();
    }
    catch(SQLException e) {}
    return word;
  }
}
```

3）随机查询单词的类

RandomQueryWord 类的实例使用 Word[] randomQueryWord()方法随机查询 word_table 表中的单词。

RandomQueryWord.java

```
package ch3.data;
import java.sql.*;
import java.util.*;
public class RandomQueryWord extends ConnectDatabase{
   int count =0 ;                            //随机抽取的数目
   public void setCount(int n){
       count = n;
   }
   public int getCount(){
      return count;
   }
   public Word[] randomQueryWord() {
      connectDatabase();                     //连接数据库（继承的方法）
      Word [] word = null;
      Statement sql;
      ResultSet rs;
      try {
        sql=con.createStatement
        (ResultSet.TYPE_SCROLL_INSENSITIVE,ResultSet.CONCUR_READ_ONLY);
        rs=sql.executeQuery("select * from word_table");
        rs.last();
        int recordAmount =rs.getRow();    //结果集中的记录数目
        count = Math.min(count,recordAmount);
        word = new Word[count];
        for(int i=0;i<word.length;i++){
           word[i] = new Word();
        }
        //得到1到recordAmount之间的count个互不相同的随机整数（存放在index中）
        int [] index = getRandomNumber(recordAmount,count);
        int m = 0;
        for(int randomNumer:index){ //randomNumer依次取数组index的每个单元的值
             rs.absolute(randomNumer);//查询游标移动到第randomNumer行
             word[m].setEnglishWord(rs.getString(1));
             word[m].setMeaning(rs.getString(2));
             m++;
        }
        con.close();
      }
      catch(SQLException e) {
         System.out.println(e);
      }
      return word;
   }
   public int [] getRandomNumber(int max,int count) {
```

```
        //得到 1 到 max 之间的 amount 个互不相同的随机整数（包括 1 和 max）
        int [] randomNumber = new int[count];
        Set<Integer> set=new HashSet<Integer>();     //set 不允许有相同的元素
        int index =set.size();
        Random random = new Random();
        while(index<count){
            int number = random.nextInt(max)+1;
            set.add(number);                          //将 number 放入集合 set 中
            index =set.size();
        }
        Iterator<Integer> iter=set.iterator();
        index = 0;
        while(iter.hasNext()) {                       //把集合中的随机数放入数组
            Integer te=iter.next();
            randomNumber[index] = te.intValue();
            index++;
        }
        return  randomNumber;
    }
}
```

3.3 简单测试

按照源文件中的包语句将相关的 Java 源文件保存到以下目录中：

```
D:\ch3\data
```

编译各个源文件，例如：

```
D:\>javac ch3/data/CreateDatabaseAndTable.java
```

也可以编译全部源文件：

```
D:\>javac ch3/data/*.java
```

把 3.2 节给出的类看作一个小框架，下面用框架中的类编写一个简单的应用程序，测试单词簿，即在命令行表述对象的行为过程，如果表述成功（如果表述困难，说明数据模型不是很合理），那么就为以后的 GUI 程序设计提供了很好的对象功能测试，在后续的 GUI 设计中，重要的工作仅仅是为某些对象提供视图界面，并处理相应的界面事件而已。

将 AppTest.java 源文件按照包名保存到以下目录中：

```
D:\ch3\test
```

编译源文件：

```
D:\>javac ch3/test/AppTest.java
```

运行 AppTest 类（运行效果如图 3.3 所示）：

```
D:\>java ch3.test.AppTest
```

```
查询到的一个单词:
boy        男孩
全部单词:
boy        男孩
girl       女孩
sun        太阳
moon       月亮
book       书籍
water      水
随机抽取3个单词:
sun        太阳
moon       月亮
book       书籍
更新、删除后全部单词:
sun        太阳
moon       月亮
book       n.书籍, 卷, 账簿, 名册, 工作簿 vt.预订, 登记
water      水
```

图 3.3　简单测试

AppTest.java

```
package ch3.test;
import java.sql.*;
import ch3.data.*;
public class AppTest {
  public static void main(String []args) {
    new CreateDatabaseAndTable();
    Word word = new Word();
    String [][] a = { {"boy","男孩"},{"girl","女孩"},
                      {"sun","太阳"},{"moon","月亮"},
                      {"book","书籍"},{"water","水"}
                    };
    AddWord addWord = new AddWord();
    for(int i=0;i<a.length;i++){
       word.setEnglishWord(a[i][0]);
       word.setMeaning(a[i][1]);
       addWord.insertWord(word);
    }
    QueryOneWord q = new QueryOneWord();
    word.setEnglishWord("boy");
    Word re =q.queryOneWord(word);
    System.out.println("查询到的一个单词:");
    System.out.printf("%-10s",re.getEnglishWord());
    System.out.printf("%-10s\n",re.getMeaning());
    QueryAllWord query = new QueryAllWord();
    Word [] result =query.queryAllWord();
    System.out.println("全部单词:");
    input(result);
    RandomQueryWord random = new RandomQueryWord();
    random.setCount(3); //随机抽取 3 个单词
    result = random.randomQueryWord();
    System.out.println("随机抽取"+random.getCount()+"个单词:");
```

```
        input(result);
        UpdateWord update = new UpdateWord();
        word.setEnglishWord("book");
        word.setMeaning("n.书籍，卷，账簿，名册，工作簿 vt.预订，登记");
        update.updateWord(word);
        DelWord del = new DelWord();
        word.setEnglishWord("boy");
        del.delWord(word);
        word.setEnglishWord("girl");
        del.delWord(word);
        System.out.println("更新、删除后全部单词:");
        query = new QueryAllWord();
        result =query.queryAllWord();
        input(result);
    }
    static void input(Word [] result){
        for(int i=0;i<result.length;i++){
            System.out.printf("%-10s",result[i].getEnglishWord());
            System.out.printf("%-10s",result[i].getMeaning());
            System.out.println();
        }
    }
}
```

3.4 视图设计

设计 GUI 程序除了使用 3.2 节给出的类以外，需要使用 javax.swing 包提供的视图（也称 Java Swing 框架）以及处理视图上触发的界面事件。与 3.3 节中简单的测试相比，GUI 程序可以提供更好的用户界面，完成 3.1 节提出的设计要求。

GUI 部分设计的类如下（主要类的 UML 图如图 3.4 所示）。

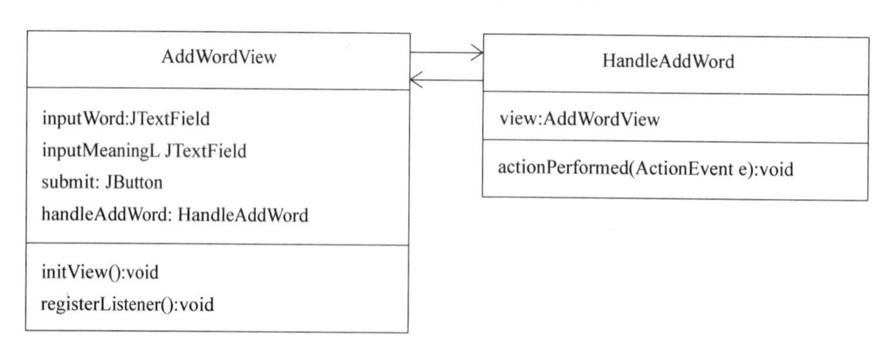

图 3.4　主要类的 UML 图

- AddWordView 类：其实例为添加单词提供视图。
- UpdateWordView 类：其实例为更新单词提供视图。
- DelWordView 类：其实例为删除单词提供视图。

- QueryOneWordView 类：其实例为查询一个单词提供视图。
- QueryAllWordView 类：其实例为查询全部单词提供视图。
- RandomQueryView 类：其实例为随机查询单词提供视图。
- IntegrationView 类：其实例将其他视图集成为一个视图。
- HandleAddWord 类：其实例处理 AddWordView 视图上的界面事件。
- HandleUpdateWord 类：其实例处理 UpdateWordView 视图上的界面事件。
- HandleDelWord 类：其实例处理 DelWordView 视图上的界面事件。
- HandleQueryOneWord 类：其实例处理 QueryOneWordView 视图上的界面事件。
- HandleQueryAllWord 类，其实例处理 QueryAllWordView 视图上的界面事件。
- HandleRandomQueryWord 类，其实例处理 RandomQueryView 视图上的界面事件。

❶ 视图相关类

1）添加、更新和删除视图

（1）AddWordView

AddWordView 类是 JPanel 类的子类，其实例提供了添加单词的视图，用户可以在视图提供的文本框中输入要添加的单词，然后单击提交按钮（如图 3.5 所示）。

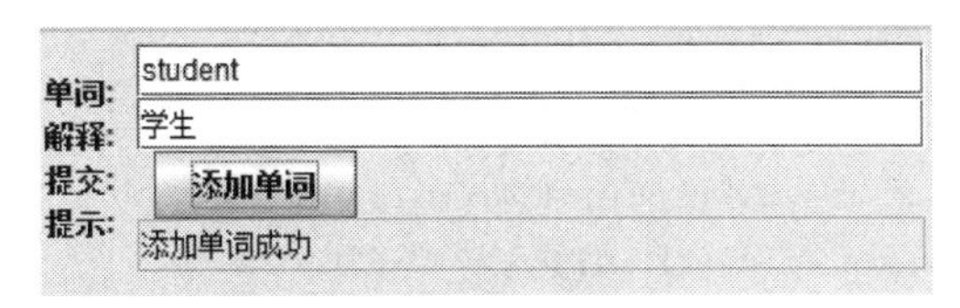

图 3.5　添加单词视图

AddWordView.java

```
package ch3.view;
import javax.swing.*;
import java.awt.Color;
import java.sql.Connection;
import ch3.data.*;
public class AddWordView extends JPanel {
   JTextField inputWord;              //输入单词
   JTextField inputMeaning;           //输入单词的解释
   JButton submit;                    //提交按钮
   JTextField hintMess;
   HandleAddWord  handleAddWord;      //负责处理添加单词
   AddWordView() {
      initView();
      registerListener() ;
   }
   private void initView() {
      Box boxH;                       //行式盒
      Box boxVOne,boxVTwo;            //列式盒
      boxH =Box.createHorizontalBox();
      boxVOne=Box.createVerticalBox();
```

```
        boxVTwo=Box.createVerticalBox();
        inputWord = new JTextField(30);
        inputMeaning = new JTextField(30);
        submit = new JButton("添加单词");
        hintMess = new JTextField(20);
        hintMess.setEditable(false);
        boxVOne.add(new JLabel("单词:"));
        boxVOne.add(new JLabel("解释:"));
        boxVOne.add(new JLabel("提交:"));
        boxVOne.add(new JLabel("提示:"));
        boxVTwo.add(inputWord);
        boxVTwo.add(inputMeaning);
        boxVTwo.add(submit);
        boxVTwo.add(hintMess);
        boxH.add(boxVOne);
        boxH.add(Box.createHorizontalStrut(10));
        boxH.add(boxVTwo);
        add(boxH);
    }
    private void registerListener() {
        handleAddWord = new HandleAddWord();
        handleAddWord.setView(this);
        submit.addActionListener(handleAddWord);
    }
}
```

（2）UpdateWordView

UpdateWordView 类是 JPanel 类的子类，其实例提供了更新单词的视图，用户可以在视图提供的文本框中输入要更新的单词，然后单击提交按钮（如图 3.6 所示）。

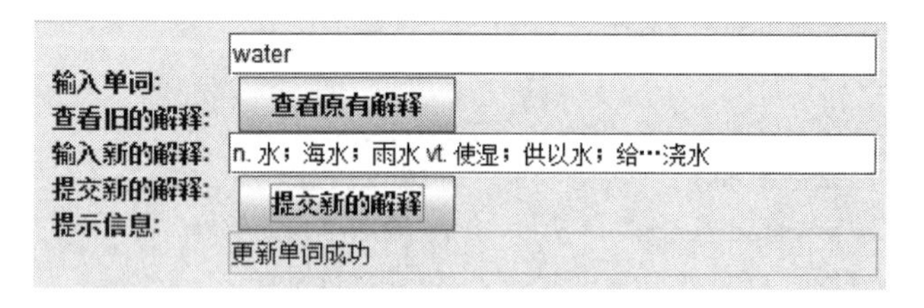

图 3.6　更新单词视图

UpdateWordView.java

```
package ch3.view;
import javax.swing.*;
import java.sql.Connection;
import ch3.data.*;
public class UpdateWordView extends JPanel {
   JTextField inputWord;                    //输入要更新的单词
   JTextField inputNewMeaning;              //输入单词的新解释
```

```
    JButton lookWord;                          //提交查看
    JButton submit;                            //提交更新按钮
    JTextField hintMess;
    HandleUpdateWord  handleUpdateWord;        //负责处理更新单词
    UpdateWordView() {
       initView();
       registerListener() ;
    }
    private void initView() {
       Box boxH;                               //行式盒
       Box boxVOne,boxVTwo;                    //列式盒
       boxH =Box.createHorizontalBox();
       boxVOne=Box.createVerticalBox();
       boxVTwo=Box.createVerticalBox();
       inputWord = new JTextField(30);
       inputNewMeaning = new JTextField(30);
       submit = new JButton("提交新的解释");
       lookWord = new JButton("查看原有解释");
       hintMess = new JTextField(20);
       hintMess.setEditable(false);
       boxVOne.add(new JLabel("输入单词:"));
       boxVOne.add(new JLabel("查看旧的解释:"));
       boxVOne.add(new JLabel("输入新的解释:"));
       boxVOne.add(new JLabel("提交新的解释:"));
       boxVOne.add(new JLabel("提示信息:"));
       boxVTwo.add(inputWord);
       boxVTwo.add(lookWord);
       boxVTwo.add(inputNewMeaning);
       boxVTwo.add(submit);
       boxVTwo.add(hintMess);
       boxH.add(boxVOne);
       boxH.add(Box.createHorizontalStrut(10));
       boxH.add(boxVTwo);
       add(boxH);
    }
    private void registerListener() {
       handleUpdateWord = new HandleUpdateWord();
       handleUpdateWord.setView(this);
       submit.addActionListener(handleUpdateWord);
       lookWord.addActionListener(handleUpdateWord);
    }
}
```

（3）DelWordView

DelWordView 类是 JPanel 类的子类，其实例提供了删除单词的视图，用户可以在视图提供的文本框中输入要删除的单词，然后单击提交按钮（如图 3.7 所示）。

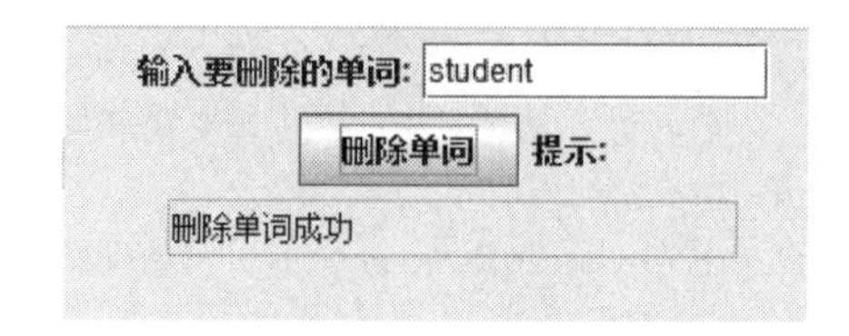

图 3.7　删除单词视图

DelWordView.java

```
package ch3.view;
import javax.swing.*;
import java.sql.Connection;
import ch3.data.*;
public class DelWordView extends JPanel {
   JTextField inputWord;              //输入要删除的单词
   JButton submit;                    //提交按钮
   JTextField hintMess;
   HandleDelWord  handleDelWord;      //负责处理删除单词
   DelWordView(){
      initView();
      registerListener() ;
   }
   private void initView() {
      inputWord = new JTextField(12);
      submit = new JButton("删除单词");
      hintMess = new JTextField(20);
      hintMess.setEditable(false);
      add(new JLabel("输入要删除的单词:"));
      add(inputWord);
      add(submit);
      add(new JLabel("提示:"));
      add(hintMess);
   }
   private void registerListener() {
      handleDelWord = new HandleDelWord();
      handleDelWord.setView(this);
      submit.addActionListener(handleDelWord);
   }
}
```

2）查询视图

（1）QueryOneWordView

QueryOneWordView 类是 JPanel 类的子类，其实例提供了查询一个单词的视图，用户可以在视图提供的文本框中输入要查询的单词，然后单击提交按钮（如图 3.8 所示）。

图 3.8 查询一个单词视图

QueryOneWordView.java

```
package ch3.view;
import javax.swing.*;
import java.awt.*;
import java.sql.Connection;
import ch3.data.*;
public class QueryOneWordView extends JPanel {
   JTextField inputWord;                           //输入要查询的单词
   JButton submit;                                 //提交按钮
   JTextArea showWord;                             //显示查询结果
   HandleQueryOneWord  handleQueryOneWord;         //负责处理查询单词
   QueryOneWordView(){
      initView();
      registerListener() ;
   }
   private void initView() {
      setLayout(new BorderLayout());
      JPanel pNorth = new JPanel();
      inputWord = new JTextField(12);
      submit = new JButton("查询单词");
      showWord = new JTextArea();
      showWord.setFont(new Font("宋体",Font.BOLD,20));
      pNorth.add(new JLabel("输入要查询的单词:"));
      pNorth.add(inputWord);
      pNorth.add(submit);
      add(pNorth,BorderLayout.NORTH);
      add(new JScrollPane(showWord),BorderLayout.CENTER);
   }
   private void registerListener() {
      handleQueryOneWord = new HandleQueryOneWord();
      handleQueryOneWord.setView(this);
      submit.addActionListener(handleQueryOneWord);
   }
}
```

（2）QueryAllWordView

QueryAllWordView 类是 JPanel 类的子类，其实例提供了查询全部单词的视图，用户可以单击视图提供的查询全部单词的按钮来查询全部的单词（如图 3.9 所示）。

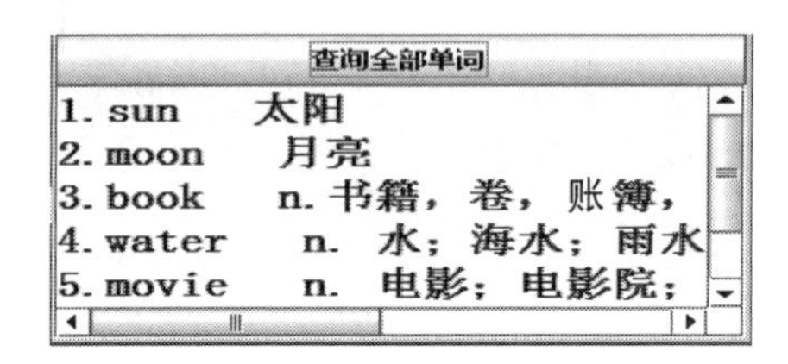

图 3.9 查询全部单词视图

QueryAllWordView.java

```
package ch3.view;
import java.awt.*;
import javax.swing.*;
import java.sql.Connection;
import ch3.data.*;
public class QueryAllWordView extends JPanel {
   JButton submit;                                  //查询按钮
   JTextArea showWord;                              //显示查询结果
   HandleQueryAllWord handleQueryAllWord;           //负责处理查询全部单词
   QueryAllWordView() {
      initView();
      registerListener() ;
   }
   public void initView() {
      setLayout(new BorderLayout());
      submit = new JButton("查询全部单词");
      add(submit,BorderLayout.NORTH);
      showWord = new JTextArea();
      showWord.setFont(new Font("宋体",Font.BOLD,20));
      add(new JScrollPane(showWord),BorderLayout.CENTER);
   }
   private void registerListener() {
      handleQueryAllWord = new HandleQueryAllWord();
      handleQueryAllWord.setView(this);
      submit.addActionListener(handleQueryAllWord);
   }
}
```

（3）RandomQueryView

RandomQueryView 类是 JPanel 类的子类，其实例提供了随机查询的视图，用户可以在视图提供的文本框中输入要随机查询的单词的个数，然后单击提交按钮（如图 3.10 所示）。

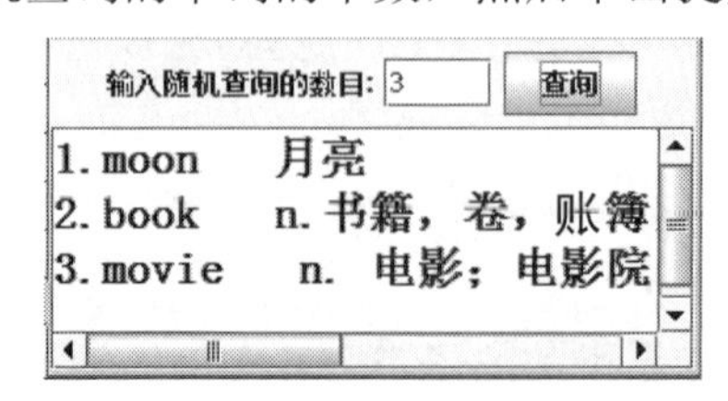

图 3.10 随机查询视图

RandomQueryView.java

```
package ch3.view;
import java.awt.*;
import javax.swing.*;
import java.sql.Connection;
import ch3.data.*;
public class RandomQueryView extends JPanel {
   JTextField inputQueryNumber;                          //输入要查询的单词数目
   JButton submit;                                       //查询按钮
   JTextArea showWord;                                   //显示查询结果
   HandleRandomQueryWord  handleRandomQueryWord;         //负责处理随机查询单词
   RandomQueryView() {
      initView();
      registerListener() ;
   }
   public void initView() {
      setLayout(new BorderLayout());
      JPanel pNorth = new JPanel();
      inputQueryNumber = new JTextField(4);
      showWord = new JTextArea();
      showWord.setFont(new Font("宋体",Font.BOLD,20));
      submit = new JButton("查询");
      pNorth.add(new JLabel("输入随机查询的数目:"));
      pNorth.add(inputQueryNumber);
      pNorth.add(submit);
      add(pNorth,BorderLayout.NORTH);
      add(new JScrollPane(showWord),BorderLayout.CENTER);
   }
   private void registerListener() {
      handleRandomQueryWord = new HandleRandomQueryWord();
      handleRandomQueryWord.setView(this);
      submit.addActionListener(handleRandomQueryWord);
   }
}
```

（4）IntegrationView

IntegrationView 类是 JFrame 类的子类，其实例使用 JTabbedPane 将各个视图集成到当前 IntegrationView 窗体中（如图 3.11 所示）。

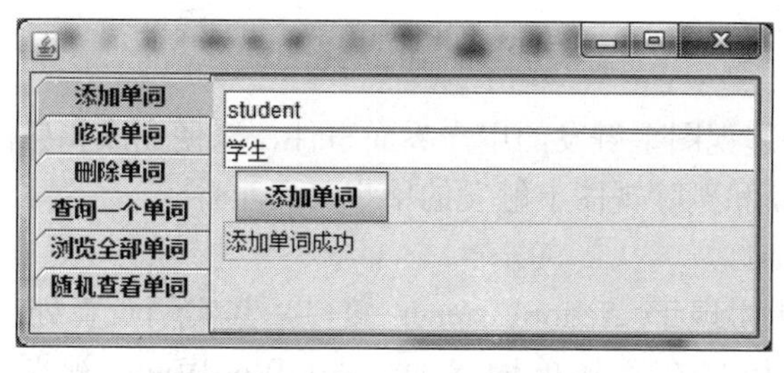

图 3.11　集成视图的窗体

IntegrationView.java

```
package ch3.view;
import java.awt.*;
import javax.swing.*;
public class IntegrationView extends JFrame{
   JTabbedPane tabbedPane;                          //用选项卡集成下列各个视图
   AddWordView  addWordView;
   UpdateWordView updateWordView;
   DelWordView delWordView;
   QueryOneWordView oneWordView;
   QueryAllWordView  queryAllWordView;
   RandomQueryView queryRandomView;
   public IntegrationView(){
      setBounds(100,100,1200,560);
      setVisible(true);
      tabbedPane=
      new JTabbedPane(JTabbedPane.LEFT);   //卡在左侧，默认是 JTabbedPane.TOP
      addWordView = new AddWordView();
      updateWordView = new UpdateWordView();
      delWordView = new DelWordView();
      oneWordView = new QueryOneWordView();
      queryAllWordView = new QueryAllWordView();
      queryRandomView = new RandomQueryView();
      tabbedPane.add("添加单词",addWordView);
      tabbedPane.add("修改单词",updateWordView);
      tabbedPane.add("删除单词",delWordView);
      tabbedPane.add("查询一个单词",oneWordView);
      tabbedPane.add("浏览全部单词",queryAllWordView);
      tabbedPane.add("随机查看单词",queryRandomView);
      tabbedPane.validate();
      add(tabbedPane,BorderLayout.CENTER);
      validate();
      setDefaultCloseOperation(JFrame.DISPOSE_ON_CLOSE);
   }
}
```

❷ 事件监视器

事件监视器负责处理视图上触发的用户界面事件，以便完成相应的任务。

1）处理添加、更新和删除视图上触发的用户界面事件

（1）HandleAddWord

HandleAddWord 类实现了 ActionListener 接口，其实例负责处理用户单击按钮触发的 ActionEvent 事件。当用户在添加单词界面（AddWordView 视图）单击提交按钮后由 HandleAddWord 的实例负责将单词添加到数据库的表中。

HandleAddWord.java

```
package ch3.view;
import java.awt.event.*;
import ch3.data.*;
public class HandleAddWord implements ActionListener {
   AddWordView view ;
   public void actionPerformed(ActionEvent e) {
      String englishWord = view.inputWord.getText();
      String meaning = view.inputMeaning.getText();
      if(englishWord.length()==0||meaning.length()==0)
         return;
      Word word = new Word();
      AddWord addWord = new AddWord();       //负责添加单词的对象
      word.setEnglishWord(englishWord);
      word.setMeaning(meaning);
      int isOK = addWord.insertWord(word);   //向数据库中的表添加单词
      if(isOK!=0)
         view.hintMess.setText("添加单词成功");
      else
         view.hintMess.setText("添加单词失败，也许单词已经在表里了");
   }
   public void setView(AddWordView view) {
      this.view = view;
   }
}
```

（2）HandleUpdateWord

HandleUpdateWord 类实现了 ActionListener 接口，其实例负责处理用户单击按钮触发的 ActionEvent 事件。当用户在更新单词界面（UpdateWordView 视图）单击提交按钮后由 HandleUpdateWord 的实例负责更新数据库的表中的单词。

HandleUpdateWord.java

```
package ch3.view;
import java.awt.event.*;
import ch3.data.*;
public class HandleUpdateWord implements ActionListener {
   UpdateWordView view ;
   public void actionPerformed(ActionEvent e) {
      if(e.getSource()==view.lookWord){
         lookWord();
      }
      else if(e.getSource()==view.submit){
         updateWord();
      }
   }
```

```
   private void updateWord(){
      String englishWord = view.inputWord.getText();
      String meaning = view.inputNewMeaning.getText();
      if(englishWord.length()==0||meaning.length()==0)
         return;
      Word word = new Word();
      UpdateWord update = new UpdateWord(); //负责更新的对象
      word.setEnglishWord(englishWord);
      word.setMeaning(meaning);
      int isOK = update.updateWord(word);    //更新单词
      if(isOK!=0)
         view.hintMess.setText("更新单词成功");
      else
         view.hintMess.setText("更新失败，单词不在表里");
   }
   private void lookWord() {
       String englishWord = view.inputWord.getText();
       if(englishWord.length()==0)
         return;
       Word word = new Word();
       word.setEnglishWord(englishWord);
       QueryOneWord query = new QueryOneWord();
       Word result = query.queryOneWord(word);
       if(result!=null){
         view.inputNewMeaning.setText(result.getMeaning());
       }
       else
         view.hintMess.setText("单词不在表里");
   }
   public void setView(UpdateWordView view) {
      this.view = view;
   }
}
```

(3) HandleDelWord

HandleDelWord 类实现了 ActionListener 接口，其实例负责处理用户单击按钮触发的 ActionEvent 事件。当用户在删除单词界面（DelWordView 视图）单击提交按钮后由 HandleDelWord 的实例负责删除数据库的表中的单词。

HandleDelWord.java

```
package ch3.view;
import java.awt.event.*;
import ch3.data.*;
public class HandleDelWord implements ActionListener {
   DelWordView view ;
   public void actionPerformed(ActionEvent e) {
```

```
        String englishWord = view.inputWord.getText();
        if(englishWord.length()==0)
            return;
        Word word = new Word();
        DelWord del = new DelWord();        //负责删除单词对象
        word.setEnglishWord(englishWord); //删除单词
        int isOK = del.delWord(word);
        if(isOK!=0)
            view.hintMess.setText("删除单词成功");
        else
            view.hintMess.setText("删除失败，单词不在表里");
    }
    public void setView(DelWordView view) {
        this.view = view;
    }
}
```

2）处理查询视图上触发的用户界面事件

（1）HandleQueryOneWord

HandleQueryOneWord 类实现了 ActionListener 接口，其实例负责处理用户单击按钮触发的 ActionEvent 事件。当用户在查询一个单词界面（QueryOneWordView 视图）单击提交按钮后由 HandleQueryOneWord 的实例负责查询数据库的表中的一个单词。

HandleQueryOneWord.java

```
package ch3.view;
import java.awt.event.*;
import ch3.data.*;
public class HandleQueryOneWord implements ActionListener {
    QueryOneWordView view ;
    public void actionPerformed(ActionEvent e) {
        String englishWord = view.inputWord.getText();
        if(englishWord.length()==0)
            return;
        Word word = new Word();
        word.setEnglishWord(englishWord);
        QueryOneWord query = new QueryOneWord();   //负责查询的对象
        Word result = query.queryOneWord(word);    //执行查询操作
if(result == null) return;
        view.showWord.append(" "+result.getEnglishWord());
        view.showWord.append("   "+result.getMeaning());
        view.showWord.append("\n");
    }
    public void setView(QueryOneWordView view) {
        this.view = view;
    }
}
```

（2）HandleQueryAllWord

HandleQueryAllWord 类实现了 ActionListener 接口，其实例负责处理用户单击按钮触发的 ActionEvent 事件。当用户在查询全部单词界面（QueryAllWordView 视图）单击提交按钮后由 HandleQueryAllWord 的实例负责查询数据库的表中的全部单词。

HandleQueryAllWord.java

```
package ch3.view;
import java.awt.event.*;
import ch3.data.*;
public class HandleQueryAllWord implements ActionListener {
   QueryAllWordView view ;
   public void actionPerformed(ActionEvent e) {
      view.showWord.setText("");
      QueryAllWord query = new QueryAllWord();   //查询对象
      Word [] result =query.queryAllWord();      //执行查询
      for(int i=0;i<result.length;i++){
         int m = i+1;
         view.showWord.append(m+"."+result[i].getEnglishWord());
         view.showWord.append("   "+result[i].getMeaning());
         view.showWord.append("\n");
      }
   }
   public void setView(QueryAllWordView view) {
      this.view = view;
   }
}
```

（3）HandleRandomQueryWord

HandleRandomQueryWord 类实现了 ActionListener 接口，其实例负责处理用户单击按钮触发的 ActionEvent 事件。当用户在随机查询一个单词界面（RandomQueryWordView 视图）单击提交按钮后由 HandleRandomQueryWord 的实例负责随机查询数据库的表中的单词。

HandleRandomQueryWord.java

```
package ch3.view;
import java.awt.event.*;
import ch3.data.*;
public class HandleRandomQueryWord implements ActionListener {
   RandomQueryView view ;
   public void actionPerformed(ActionEvent e) {
      view.showWord.setText("");
      String n =view.inputQueryNumber.getText().trim();
      if(n.length()==0)
        return;
      int count = 0;
```

```
        try{
            count = Integer.parseInt(n);
        }
        catch(NumberFormatException exp){
            view.showWord.setText("请输入正整数");
        }
        RandomQueryWord random = new RandomQueryWord();   //查询对象
        random.setCount(count);                           //随机抽取 count 个单词
        Word [] result = random.randomQueryWord();        //执行查询
        for(int i=0;i<result.length;i++){
            int m = i+1;
            view.showWord.append(m+"."+result[i].getEnglishWord());
            view.showWord.append("   "+result[i].getMeaning());
            view.showWord.append("\n");
        }
    }
    public void setView(RandomQueryView view) {
        this.view = view;
    }
}
```

3.5 GUI 程序

按照源文件中的包语句将 2.4 节中相关的源文件保存到以下目录中：

```
D:\ch3\view\
```

编译各个源文件，例如：

```
D:\>javac ch3/view/IntegrationView.java
```

也可以一次编译多个源文件：

```
D:\>javac ch3/view/*.java
```

把 3.2 节和 3.4 节给出的类看作一个小框架，下面用框架中的类编写 GUI 应用程序，完成 3.1 节给出的设计要求。

将 AppWindow.java 源文件按照包名保存到以下目录中：

```
D:\ch3\gui
```

编译源文件：

```
D:\>javac ch3/gui/AppWindow.java
```

运行 AppWindow 类（运行效果如本章开始给出的图 3.1）：

```
D:\>java ch3.gui.AppWindow
```

AppWindow.java

```
package ch3.gui;
import ch3.view.IntegrationView;
import ch3.data.CreateDatabaseAndTable;
public class AppWindow {
   public static void main(String [] args) {
      new CreateDatabaseAndTable();
      IntegrationView win = new IntegrationView();
   }
}
```

3.6 程序发布

用户可以使用 jar.exe 命令制作 JAR 文件来发布软件。

❶ **清单文件**

编写以下清单文件（用记事本保存时需要将保存类型选择为“所有文件(*.*)”）：

ch3.mf

```
Manifest-Version: 1.0
Main-Class: ch3.gui.AppWindow
Created-By: 1.8
```

将 ch3.mf 保存到 D:\，即保存在包名所代表的目录的上一层目录中。

> **注意** 清单中的 Manifest-Version 和 1.0 之间、Main-Class 和主类 ch3.gui.AppWindow 之间以及 Created-By 和 1.8 之间必须有且只有一个空格。

❷ **用批处理文件发布程序**

使用 jar 命令创建 JAR 文件：

```
D:\>jar cfm EnglishBook.jar ch3.mf  ch3/data/*.class ch3/view/*.class ch3/gui/
*.class
```

其中，参数 c 表示要生成一个新的 JAR 文件，f 表示要生成的 JAR 文件的名字，m 表示清单文件的名字。如果没有任何错误提示，在 D:\下将产生一个名字是 EnglishBook.jar 的文件。

编写以下 englishBook.bat，用记事本保存该文件时需要将保存类型选择为“所有文件(*.*)”。

englishBook.bat

```
path.\jre\bin
pause
javaw -jar EnglishBook.jar
```

将该文件保存到自己命名的某个文件夹中，例如名字是 2000 的文件夹中。然后将 EnglishBook.jar、数据库文件夹 MyEnglishBook 以及 JRE（即调试程序使用的 JDK 安装目录下的 JRE 子目录）复制到 2000 文件夹中。在 2000 文件夹中再保存一个软件运行说明书，提示双击 englishBook.bat 即可运行程序。

可以将 2000 文件夹作为软件发布，也可以用压缩工具将 2000 文件夹下的所有文件压缩成.zip 或.jar 文件发布。用户解压后双击 englishBook.bat 即可运行程序。

如果客户的计算机上有 JRE，可以不把 JRE 复制到 2000 文件夹中，同时去除.bat 文件中的“path.\jre\bin”内容。

3.7 课设题目

❶ 单词簿设计

在学习本章代码的基础上改进单词簿，重新设计数据库中的表（代码也要相应修改），增加一个 sentence 字段和一个 voice 字段。一条记录的 sentence 字段的值是单词的例句，voice 字段的值是单词的英语发音的音频文件的名字。用户可以为程序增加任何合理的并有能力完成的功能，但至少要增加下列所要求的功能。

① 用户可以输入以及修改单词的例句。

② 用户可以输入以及修改单词的发音文件的名字。

③ 增加发音效果，当用户查询到一个单词后单击界面提供的发音按钮可以听该单词的发音（见第 8 章的 ch8.view.PlayMusic 类）。

④ 实现模糊查询，比如用户可以查询 app 为前缀的单词、able 为后缀的单词以及包含 sum 的单词等。

❷ 自定义题目

通过老师指导或自己查找资料自创一个题目。

第4章 广告墙

4.1 设计要求

设计 C/S 模式的 GUI 界面的广告墙，使用 MySQL 数据库作为 C/S 模式中的 S 部分，即 Server 部分。具体要求如下：

① 用户可以注册。

② 注册的用户可以登录。

③ 登录成功的用户可以发布广告，一个用户可以发布多条广告。广告的内容包括文本内容和对应的一幅图片，要求把对应图片文件的内容存储到数据库中，即图片文件的内容是数据库表中某个字段的值。

④ 登录的用户可以浏览全部的广告，也可以单独浏览某个用户的广告。

⑤ 登录的用户可以删除自己发布的广告。

程序运行的参考效果图如图 4.1 所示。

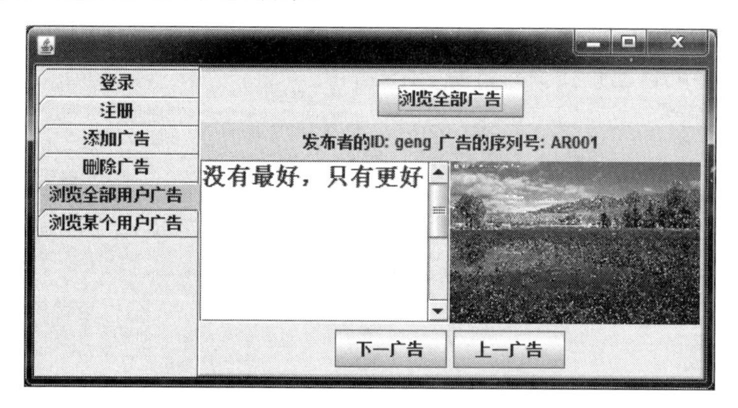

图 4.1　广告墙

> **注意**　按照 MVC-Model View Control（模型，视图，控制器）的设计思想展开程序的设计和代码的编写。数据模型部分相当于 MVC 中的 Model 角色，视图设计部分给出的界面部分相当于 MVC 中的 View，视图设计部分给出的事件监视器相当于 MVC 中的 Control。

4.2 数据模型

根据系统设计要求在数据模型部分编写了以下类。

- 创建了数据库 guanggao_db，在该数据库中设计了 register_table 和 guanggao_table 表。

- 封装注册数据的 Register 类。
- 封装登录数据的 Login 类。
- 负责注册的 HandleRegister 类。
- 负责登录的 HandleLogin 类。
- 封装广告数据的 Advertisement 类。
- 封装若干个广告的 AdvertisingBoard。
- 连接数据库的 ConnectDatabase 类。
- 向表中添加广告的 AddAdvertisement 类。
- 删除表中广告的 DelAdvertisement 类。
- 查询表中某用户广告的 QueryOneUserAD 类。
- 查询表中全部用户广告的 QueryAllUserAD 类。

数据模型部分涉及的主要类的 UML 图如图 4.2 所示。

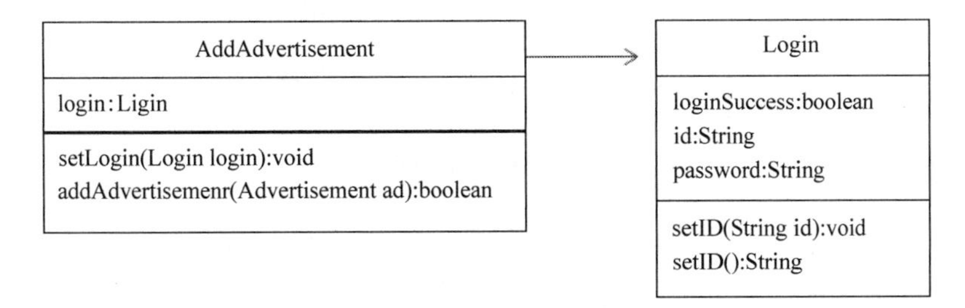

图 4.2　主要类的 UML 图

❶ 数据库设计及相关类

MySQL 服务器相当于 C/S 模式中的 S 部分（Server 部分）。

如果租用了网络上的 MySQL 服务器，可以不必下载 MySQL，但需要下载一个 MySQL 客户端管理工具。为了便于在单机上调试程序，用户应该下载一款 MySQL。

这里下载的 MySQL 是 mysql-5.7.15-winx64.zip（适合 64 位机器的 Windows 版）。对于 5.7 版本，在首次启动 MySQL 服务器之前必须进行安全初始化。在命令行进入 MySQL 安装目录的 bin 子目录，输入“mysqld --initialize-insecure”命令即可。其作用是初始化 data 目录，并授权一个无密码的 root 用户。执行成功后 MySQL 安装目录下多出一个 data 子目录（用于存放数据库，对于早期版本，安装后就有该目录）。

MySQL 客户端管理工具选用的是 Navicat for MySQL。可以在“http://www.navicat.com.cn/download“或网盘“http://pan.baidu.com/s/1o79U6ds”下载。

在 MySQL 安装目录的 bin 子目录下输入“mysqld”或“mysqld -nt”启动 MySQL 服务器，MySQL 服务器占用的端口是 3306（3306 是 MySQL 服务器默认使用的端口号）。启动成功后 MySQL 数据库服务器将占用当前 MS-DOS 窗口。

注意　直接关闭 MySQL 数据库服务器所占用的命令行窗口不能关闭 MySQL 数据库服务器（仍然在后台运行），可以使用操作系统提供的“任务管理器”（按 Ctrl+Shift+Esc 组合键打开任务管理器）来关闭 MySQL 数据库服务器。需要注意的是，如果当前计算机已经启动 MySQL 数据库服务器，那么必须关闭 MySQL 数据库服务器后才能再次在命令行窗口中重新启动 MySQL 数据库服务器。

当涉及数据库时，数据库中的表以及表的结构的确定是十分重要的，因为后续的某些代码依赖于这些结构。例如向数据库表中插入记录，更新、删除数据库表中的记录等都需要知道表的名字以及结构。即某些代码会和数据库表的结构形成紧耦合关系，因此表的结构一旦更改必然引起代码的修改。

注意 有关如何在 Java 中使用 MySQL 可参考主教材《Java 2 实用教程》第 5 版第 11 章。

1）创建数据库和表

根据设计要求使用 MySQL 客户端管理工具在 MySQL 服务器端建立名字是 guanggao_db 的数据库，在该库中建立两个表，即 register_table 和 guanggao_table 表。

register_table 表的记录是用户的注册信息，表结构如图 4.3 所示。

名	类型	长度	小数点	允许空值 (	
id	char	60	0	☐	🔑1
password	varchar	60	0	☑	

图 4.3 register_table 表

guanggao_table 表的记录是用户的广告信息，表结构如图 4.4 所示。

栏位 | 索引 | 外键 | 触发器 | 选项 | 注释 | SQL 预览

名	类型	长度	小数点	允许空值 (	
id	char	60	0	☑	
content	varchar	5000	0	☑	
imageFile	longblob	0	0	☑	
serialNumber	varchar	60	0	☐	🔑1

图 4.4 guanggao_table 表

注意 需要将 imageFile 字段的类型设置为 Blob 类型，以便存放文件数据，这里设置的是 longblob 类型，可以存放很大的图像文件的内容。另外要把 serialNumber 设置成主键，以便于用户管理自己的广告（程序内部处理时总是将用户给的广告序列号再额外添加上用户的 id 作为前缀，确保了不同用户之间的序列号不会相同）。

guanggao_table 中的 id 字段是 register_table 表的 id 主键的外键，关系是一对多的关系，即一个用户可以发布多个广告；对外键的约束是 CASCADE（主表 id 值更新，附表 id 值自动更新，主表删除 id，附表自动删除 id），如图 4.5 所示。

栏位 | 索引 | 外键 | 触发器 | 选项 | 注释 | SQL 预览

名	栏位	参考数据库	参考表	参考栏位	删除时	更新时
id	id	guanggao_db	register_table	id	CASCADE	CASCADE

图 4.5 外键设置

2）表数据相关类

在数据库设计中用类来封装表的基本结构对后续代码的设计是非常有利的。

（1）Register 类

下列 Register 类封装注册表 register_table 的结构。

Register.java

```
package ch4.data;
public class Register {
  String id;              //注册的 id
  String password;        //密码
  public void setID(String id){
    this.id = id;
  }
  public void setPassword(String password){
    this.password = password;
  }
  public String getID() {
    return id;
  }
  public String getPassword(){
    return password;
  }
}
```

（2）Advertisement 类

下列 Advertisement 类封装广告表 guanggao_table 的结构。

Advertisement.java

```
package ch4.data;
import java.io.File;
import java.awt.Image;
public class Advertisement {
   String ID;                //广告的 ID
   String content;           //广告的文本
   File pictureFile;         //广告的图片文件
   Image image;              //广告图片
   String serialNumber;      //广告编号
   public void setID(String id){
     ID = id;
   }
   public String getID(){
     return ID;
   }
   public void setImage(Image image){
     this.image = image;
   }
```

```
    public Image getImage(){
      return image;
    }
    public void setContent(String s) {
      content = s;
    }
    public void setPictureFile(File file) {
      pictureFile = file;
    }
    public String getContent() {
      return content;
    }
    public File getPictureFile() {
      return pictureFile;
    }
    public void setSerialNumber(String serialNumber){
      this.serialNumber = serialNumber;
    }
    public String getSerialNumber(){
      return serialNumber;
    }
}
```

(3) AdvertisingBoard 类

下列 AdvertisingBoard 类封装若干个广告(广告牌)。

AdvertisingBoard.java

```
package ch4.data;
public class AdvertisingBoard {  //广告牌
    //数组 advertisement 的每个单元存放一个广告(一个 Advertisement 对象)
    private Advertisement [] advertisement=null;
    int index = -1;
    public void setAdvertisement(Advertisement [] advertisement){
       this.advertisement = advertisement;
    }
    public  Advertisement  getAdvertisement(int i) {
      if(advertisement == null) {
        return null;
      }
      if(advertisement.length==0){
        return null;
      }
      if(i>=advertisement.length||i<0) {
         return null;
      }
      return advertisement[i];
    }
```

```
    public  Advertisement  nextAdvertisement() {
        index++;
        if(advertisement == null) {
           return null;
        }
        if(advertisement.length==0){
          return null;
        }
        if(index==advertisement.length) {
            index = 0; //循环
        }
        return advertisement[index];
    }
    public  Advertisement  previousAdvertisement() {
        index--;
        if(advertisement == null) {
           return null;
        }
        if(advertisement.length==0){
          return null;
        }
        if(index<0) {
            index =advertisement.length-1;
        }
        return advertisement[index];
    }
}
```

（4）Login 类

下列 Login 类封装有关登录的信息。

Login.java

```
package ch4.data;
public class Login {
   boolean loginSuccess = false;
   String id;
   String password;
   public void setID(String id){
      this.id = id;
   }
   public void setPassword(String password){
      this.password = password;
   }
   public String getID() {
      return id;
   }
   public String getPassword(){
```

```
        return password;
    }
    public void setLoginSuccess(boolean bo){
        loginSuccess = bo;
    }
    public boolean getLoginSuccess(){
        return loginSuccess;
    }
}
```

3）加密的类

用户注册的密码，应该加密后存放到数据库的表里。这里我们自己编写了一个加密信息的 Encrypt 类，当然可以采用更复杂的算法编写下列 Encrypt 类。但为了减少不必要的代码，我们用简单算法编写了下列 Encrypt 类。

Encrypt.java

```
package ch4.data;
public class Encrypt {
    public static String encrypt(String sourceString,String password) {
        char [] p= password.toCharArray();
        int n = p.length;
        char [] c = sourceString.toCharArray();
        int m = c.length;
        for(int k=0;k<m;k++){
            int mima=c[k]+p[k%n];//简单加密
            c[k]=(char)mima;
        }
        return new String(c);     //返回密文
    }
}
```

4）连接数据库的类

Java 代码相当于 C/S 模式中的 Client 部分。客户端应用程序为了能访问 MySQL 数据库服务器上的数据库，必须要保证应用程序所驻留的计算机上安装有相应 JDBC-MySQL 数据库驱动，可以登录 MySQL 的官方网站“www.mysql.com”或“http://pan.baidu.com/s/1i5g87sD”下载 JDBC-MySQL 数据库驱动。这里下载的是 mysql-connector-java-5.1.40.zip，将该 ZIP 文件解压至硬盘，则解压后的目录下的 mysql-connector-java-5.1.40-bin.jar 文件就是连接 MySQL 数据库的 JDBC-数据库驱动，将该驱动复制到 JDK 的扩展目录中，比如“E:\jdk1.8\jre\lib\ext”。

在安装 JDK 时还额外有一个 JRE，例如默认安装在“C:\Program Files (x86)\Java\jre1.8.0_45”，并且将 mysql-connector-java-5.1.28-bin.jar 文件也复制到“C:\Program Files (x86)\Java\jre1.8.0_45\lib\ext”中，保证即使启用该环境运行程序也会有需要的驱动。

由于后续很多类的实例都需要连接到数据库，因此将连接数据库的有关代码封装到 ConnectDatabase 类中，其他需要连接数据库并进行相关操作的类只要扩展该类就可以使用连接数据库的代码。

为了让代码具有较好的复用性，在 ConnectDatabase 中使用一个 static 块初始化连接数据库的有关字符信息。只要 ConnectDatabase 的字节码被加载到内存，static 块就会被执行，继而完成必要的初始化工作。如果租用的是商用的 MySQL，需要将 IP.txt 中的 127.0.0.1 替换成真实服务器的 IP。IP 文件必须有且只需一行文本内容，不要有空行（IP.txt 文件需要保存在和 ch4 同级的名字是 ip 的文件夹中）。

IP.txt

```
jdbc:mysql://127.0.0.1:3306/guanggao_db?user=root&password=&useSSL=
true&characterEncoding=utf-8
```

ConnectDatabase.java

```
package ch4.data;
import java.sql.*;
import java.io.*;
public class ConnectDatabase{
   public static String uri="";
   static {
     try{   //IP.txt 文件需要保存在和 ch4 同级的 ip 文件夹中，有且仅有一行文本且没有空行
            File fRead = new File("ip/IP.txt");
            Reader in = new FileReader(fRead);
            BufferedReader bufferRead =new BufferedReader(in);
            uri=bufferRead.readLine();
            System.out.println(uri);
      }
      catch(IOException exp){
          System.out.println("不要删除 IP 文件"+exp);
      }
   }
   Connection con;
   public final void connectDatabase() {
      try{  Class.forName("com.mysql.jdbc.Driver");  //加载 JDBC-MySQL 驱动
      }
      catch(Exception e){}
      try{
         con = DriverManager.getConnection(uri);      //连接代码
      }
      catch(SQLException e){}
   }
}
```

❷ 注册与登录的类

1）注册

HandleRegister 类是 ConnectDatabase 类的子类，其实例可以连接到数据库，使用 handleRegister(Register register)方法向数据库中的 register_table 表添加单记录，即把 register

对象封装的注册信息写入到数据库的 register_table 表中。

HandleRegister.java

```
package ch4.data;
import java.sql.*;
public class HandleRegister extends ConnectDatabase {
   public boolean handleRegister(Register register){
      connectDatabase();//连接数据库（继承的方法）
      boolean isSuccess = false;
      if(con == null) return false;
      PreparedStatement preSql;
      String sqlStr ="insert into register_table values(?,?)";
      int ok = 0;
      try {
         preSql = con.prepareStatement(sqlStr);
         preSql.setString(1,register.getID());
         String pw = register.getPassword();
         pw = Encrypt.encrypt(pw,"mimajiami");//把用户密码加密
         preSql.setString(2,pw);
         ok = preSql.executeUpdate();
         con.close();
      }
      catch(SQLException e) {}
      if(ok!=0) {
         isSuccess = true;
      }
      return isSuccess;
   }
}
```

2）登录

HandleLogin 类是 ConnectDatabase 类的子类，其实例可以连接到数据库，使用 handleLogin(Login login)方法验证 login 对象封装的信息是否为注册的用户，如果是注册的用户，该方法将 login 对象中的 loginSuccess 设置为 true，否则设置为 false，然后返回该 login 对象。

HandleLogin.java

```
package ch4.data;
import java.sql.*;
public class HandleLogin extends ConnectDatabase {
   public Login handleLogin(Login login) {
      connectDatabase();//连接数据库（继承的方法）
      PreparedStatement preSql;
      ResultSet rs;
      if(con == null) {
         login.setLoginSuccess(false);
```

```
            return login;
        }
        String id = login.getID();
        String pw = login.getPassword();
        String sqlStr ="select id,password from register_table where "+
                       "id = ? and password = ? ";
        try {
            preSql = con.prepareStatement(sqlStr);
            preSql.setString(1,id);
            pw = Encrypt.encrypt(pw,"mimajiami");   //把用户密码加密
            preSql.setString(2,pw);
            rs = preSql.executeQuery();
            if(rs.next()==true) {                    //检查是否为注册的用户
               login.setLoginSuccess(true);
            }
            else {
               login.setLoginSuccess(false);
            }
            con.close();
        }
        catch(SQLException e) {
            login.setLoginSuccess(false);
        }
        return login;
    }
}
```

❸ 添加与删除广告的类

1）添加广告的类

AddAdvertisement 类是 ConnectDatabase 类的子类，其实例可以连接到数据库，使用 addAdvertisement(Advertisement ad)方法向数据库中的 guanggao_table 表添加单记录，即把 ad 对象封装的广告信息写入到数据库的 guanggao_table 表中。

AddAdvertisement.java

```
package ch4.data;
import java.sql.*;
import java.io.*;
public class AddAdvertisement extends ConnectDatabase{//负责添加广告
   Login login;
   public void setLogin(Login login){
      this.login = login;
   }
   public boolean addAdvertisement(Advertisement ad) {
      connectDatabase();//连接数据库（继承的方法）
      if(con == null || login== null) return false;
      if(login.getLoginSuccess()==false) return false;
```

```
        boolean success = false;
        PreparedStatement preSql;
        String sqlStr ="insert into guanggao_table values(?,?,?,?)";
        try {
           preSql = con.prepareStatement(sqlStr);
           preSql.setString(1,login.getID());       //设置第 1 个?代表的值
           String content =ad.getContent();
           preSql.setString(2,content);             //设置第 2 个?代表的值
           File f =ad.getPictureFile();
           InputStream in = new FileInputStream(f);
           int length = in.available();
           preSql.setBinaryStream(3,in,length);    //设置第 3 个?代表的值
           preSql.setString(4,login.getID()+ad.getSerialNumber());
           int isOK = preSql.executeUpdate();
           if(isOK != 0)
              success =true;
           else
              success =false;
           con.close();
        }
        catch(Exception e) {
           success = false;
        }
        return success;
     }
  }
```

2）删除广告的类

DelAdvertisement 类是 ConnectDatabase 类的子类，其实例可以连接到数据库，使用 delAdvertisement(String serialNumber)方法删除数据库中 guanggao_table 表中的单记录。

DelAdvertisement.java

```
package ch4.data;
import java.sql.*;
public class DelAdvertisement extends ConnectDatabase{//负责删除广告
   Login login;
   public void setLogin(Login login){
      this.login = login;
   }
   public boolean delAdvertisement(String serialNumber) {
      boolean success = false;
      connectDatabase();//连接数据库（继承的方法）
      PreparedStatement preSql;
      if(con == null || login== null) return false;
      if(login.getLoginSuccess()==false) return false;
      connectDatabase();
```

```
        String SQL ="delete from guanggao_table where serialNumber = ? ";
        try {
           preSql = con.prepareStatement(SQL);
           preSql.setString(1,login.getID()+serialNumber);
           int isOK =preSql.executeUpdate();
           if(isOK != 0)
              success =true;
           else
              success =false;
           con.close();
        }
        catch(SQLException e) {
           success =false;
        }
        return success;
    }
}
```

❹ 查询广告的类

1）查询一个用户广告的类

QueryOneUserAD 类是 ConnectDatabase 类的子类，其实例可以连接到数据库，使用 Advertisement[] queryOneUser(String id)方法查询数据库中 guanggao_table 表中指定 id 的记录。

QueryOneUserAD.java

```
package ch4.data;
import java.sql.*;
import java.awt.Image;
import java.awt.Toolkit;
import java.io.*;
public class QueryOneUserAD extends ConnectDatabase{//负责查询某用户的广告
   Login login;
   public void setLogin(Login login){
      this.login = login;
   }
   public Advertisement[] queryOneUser(String id) {
      connectDatabase();//连接数据库（继承的方法）
      if(con == null || login== null) return null;
      if(login.getLoginSuccess()==false) return null;
      Advertisement [] ad  = null;
      Statement sql;
      ResultSet rs;
      try {
        sql=con.createStatement
        (ResultSet.TYPE_SCROLL_INSENSITIVE,ResultSet.CONCUR_READ_ONLY);
        rs=sql.executeQuery
        ("select * from guanggao_table where id = '"+id+"'");
```

```
            rs.last();
            int recordAmount =rs.getRow();//结果集中的全部记录
            ad = new Advertisement[recordAmount];
            for(int i=0;i<ad.length;i++){
              ad[i] = new Advertisement();
            }
            rs.beforeFirst();
            int i=0;
            while(rs.next()) {
              ad[i].setID(id);
              ad[i].setContent(rs.getString("content"));
              InputStream in = rs.getBinaryStream("imageFile");
              int length = in.available();
              byte [] b=new byte[length];
              in.read(b);
              in.close();
              Image img=Toolkit.getDefaultToolkit().createImage(b);
              ad[i].setImage(img);
              String number=rs.getString("serialNumber");
              int index = id.length();    //找到id结束的位置
              number = number.substring(index);
              ad[i].setSerialNumber(number);
              i++;
            }
            con.close();
          }
          catch(Exception e){}
          return ad;
      }
   }
```

2）查询全部广告的类

QueryAllUserAD 类是 ConnectDatabase 类的子类，其实例可以连接到数据库，使用 Advertisement[] queryAllUser()方法查询数据库中 guanggao_table 表中的全部记录。

QueryAllUserAD.java

```
package ch4.data;
import java.sql.*;
import java.awt.Image;
import java.awt.Toolkit;
import java.io.*;
public class QueryAllUserAD extends ConnectDatabase{//负责查询全部广告
   Login login;
   public void setLogin(Login login){
      this.login = login;
   }
```

```
    public Advertisement[] queryAllUser() {
      connectDatabase();  //连接数据库（继承的方法）
      if(con == null || login== null) return null;
      if(login.getLoginSuccess()==false) return null;
      Advertisement [] ad  = null;
      Statement sql;
      ResultSet rs;
      try {
        sql=con.createStatement
        (ResultSet.TYPE_SCROLL_INSENSITIVE,ResultSet.CONCUR_READ_ONLY);
        rs=sql.executeQuery("select * from guanggao_table");
        rs.last();
        int recordAmount =rs.getRow();//结果集中的全部记录
        ad = new Advertisement[recordAmount];
        for(int i=0;i<ad.length;i++){
          ad[i] = new Advertisement();
        }
        rs.beforeFirst();
        int i=0;
        while(rs.next()) {
          String id = rs.getString(1);
          ad[i].setID(id);
          ad[i].setContent(rs.getString(2));
          InputStream in = rs.getBinaryStream(3);
          int length = in.available();
          byte [] b=new byte[length];
          in.read(b);
          in.close();
          Image img=Toolkit.getDefaultToolkit().createImage(b);
          ad[i].setImage(img);
          String number=rs.getString(4);
          int index = id.length();    //找到id结束的位置
          number = number.substring(index);
          ad[i].setSerialNumber(number);
          i++;
        }
        con.close();
      }
      catch(Exception e){}
      return ad;
    }
}
```

4.3 简单测试

我们的 Java 程序就是设计要求的 C/S 模式中的 C，即客户端。按照源文件中的包语句将相关的 Java 源文件保存到以下目录中：

```
D:\ch4\data
```

将 IP.txt 保存到和 ch4 同级的 ip 文件夹中，即保存到“D:\ip”目录中。

编译各个源文件，例如：

```
D:\>javac ch4/data/Login.java
```

也可以编译全部源文件：

```
D:\>javac ch4/data/*.java
```

把 4.2 节给出的类看作一个小框架，下面用框架中的类编写一个简单的应用程序，测试广告墙，即在命令行表述对象的行为过程，如果表述成功（如果表述困难，说明数据模型不是很合理），那么就为以后的 GUI 程序设计提供了很好的对象功能测试，在后续的 GUI 设计中，重要的工作仅仅是为某些对象提供视图界面，并处理相应的界面事件而已。

❶ 测试注册

下列程序测试注册。将 AppTestOne.java 源文件按照包名保存到以下目录中：

```
D:\ch4\test
```

编译源文件：

```
D:\>javac ch4/test/AppTestOne.java
```

运行 AppTestOne 类：

```
D:\>java ch4.test.AppTestOne
```

AppTestOne.java

```
package ch4.test;
import ch4.data.*;
public class AppTestOne { //测试注册
  public static void main(String []args) {
    Register user = new Register();
    user.setID("王林");
    user.setPassword("ilovethisgame");
    HandleRegister handleRegister = new HandleRegister();
    boolean isOK = handleRegister.handleRegister(user);
    if(isOK){
      System.out.println("注册成功");
    }
    else {
      System.out.println("注册失败，请换一个 ID");
    }
  }
}
```

❷ 测试登录添加广告

下列程序测试登录。

AppTestTwo.java

```
package ch4.test;
import ch4.data.*;
import java.io.File;
public class AppTestTwo {
   public static void main(String []args) {
      Login login = new Login();
      login.setID("王林");
      login.setPassword("ilovethisgame");
      HandleLogin  handleLogin = new HandleLogin();
      login = handleLogin.handleLogin(login);
      if(login.getLoginSuccess()==false){
         System.out.println("登录失败");
         return;
      }
      else {
         System.out.println("登录成功，可以发布广告");
      }
      AddAdvertisement add = new AddAdvertisement();
      add.setLogin(login);
      Advertisement ad = new Advertisement();
      ad.setContent("美丽的花都");
      File f = new File("flow.jpg");//flow.jpg 需要保存在 ch4 的父目录中
      ad.setPictureFile(f);
      ad.setSerialNumber("AR008");
      add.addAdvertisement(ad);
      ad.setContent("美丽旅游");
      f = new File("water.jpg");
      ad.setPictureFile(f);
      ad.setSerialNumber("YA007");
      add.addAdvertisement(ad);
   }
}
```

❸ 测试登录浏览广告

下列程序测试登录浏览广告，效果如图 4.6 所示。

```
D:\>java ch4.test.AppTest3
jdbc:mysql://127.0.0.1:3306/guanggao_db?user=
登录成功，可以浏览某会员广告
广告内容:美丽的花都
广告图片:sun.awt.image.ToolkitImage@8239c8
广告内容:美丽旅游
广告图片:sun.awt.image.ToolkitImage@1e89d68
```

图 4.6　测试登录浏览

AppTest3.java

```
package ch4.test;
import ch4.data.*;
public class AppTest3 {
   public static void main(String []args) {
      Login login = new Login();
      login.setID("gengxy");
      login.setPassword("123456");
      HandleLogin  handleLogin = new HandleLogin();
      login = handleLogin.handleLogin(login);
      if(login.getLoginSuccess()==false){
         System.out.println("登录失败");
         return;
      }
      else {
         System.out.println("登录成功，可以浏览某会员广告");
      }
      QueryOneUserAD query = new QueryOneUserAD();
      query.setLogin(login);
      Advertisement [] ad = query.queryOneUser("王林");
      for(int i=0;i<ad.length;i++){
          System.out.println("广告内容:"+ad[i].getContent());
          System.out.println("广告图片:"+ad[i].getImage().toString());
      }
   }
}
```

4.4 视图设计

设计 GUI 程序除了使用 4.2 节给出的类以外，需要使用 javax.swing 包提供的视图（也称 Java Swing 框架）以及处理视图上触发的界面事件。与 4.3 节中简单的测试相比，GUI 程序可以提供更好的用户界面，完成 4.1 节提出的设计要求。

GUI 部分设计的类如下（主要类的 UML 图如图 4.7 所示）。

- RegisterView 类：其实例为注册提供视图。
- LoginView 类：其实例为登录提供视图。
- AddAdvertisementView 类：其实例为添加广告提供视图。
- DelAdvertisementView 类：其实例为删除广告提供视图。
- AdvertisingBoardView 类：其实例为广告牌提供视图。
- QueryOneUserADView 类：其实例为某用户的广告提供视图。
- QueryAllUserADView 类：其实例为查询全部广告提供视图。
- IntegrationView 类：其实例将其他视图集成为一个视图。
- HandleAddAdvertisement 类：其实例处理 AddAdvertisementView 视图上的界面事件。

- HandleDelAdvertisement 类：其实例处理 DelAdvertisementView 视图上的界面事件。
- HandleAdvertisingBoard 类：其实例处理 AdvertisingBoardView 视图上的界面事件。
- HandleQueryOneUserAD 类：其实例处理 QueryOneUserADView 视图上的界面事件。
- HandleQueryAllUserAD 类：其实例处理 QueryAllUserADView 视图上的界面事件。
- ImageJPanel 类：其实例是一个面板，用来显示图像，即显示广告的图片。
- ShowImageDialog 类：其实例是一个对话框，用来显示图像，即显示广告的图片。

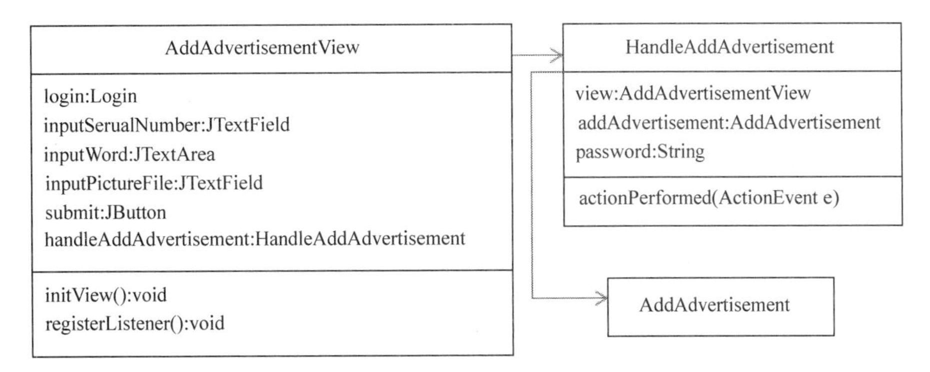

图 4.7　主要类的 UML 图

❶ 视图相关类

1）注册和登录视图

（1）RegisterView

RegisterView 类是 JPanel 类的子类，其实例提供了注册视图，用户可以在视图提供的文本框中输入注册信息，然后单击提交按钮（如图 4.8 所示）。

图 4.8　注册视图

RegisterView.java

```
package ch4.view;
import javax.swing.*;
import java.awt.event.*;
import ch4.data.*;
public class RegisterView extends JPanel implements ActionListener {
   Register register;
   JTextField inputID;             //输入 ID
   JPasswordField inputPassword;   //输入密码
   JPasswordField againPassword;   //再次输入密码
   JButton buttonRegister;
```

```
    RegisterView() {
       register = new Register();
       inputID = new JTextField(12);
       inputPassword = new JPasswordField(12);
       againPassword = new JPasswordField(12);
       buttonRegister = new JButton("注册");
       add(new JLabel("输入 ID:"));
       add(inputID);
       add(new JLabel("设置密码:"));
       add(inputPassword);
       add(new JLabel("再次输入密码:"));
       add(againPassword);
       add(buttonRegister);
       buttonRegister.addActionListener(this);
    }
    public void actionPerformed(ActionEvent e) {
       String id = inputID.getText().trim();
       char [] pw =inputPassword.getPassword();
       char [] pw_again =againPassword.getPassword();
       String pwStr = new String(pw).trim();
       if(id.length() == 0 ||pwStr.length()==0 ){
          JOptionPane.showMessageDialog
          (null,"注册失败","消息对话框", JOptionPane.WARNING_MESSAGE);
          return;
       }
       String pw_againStr = new String(pw_again).trim();
       if(pwStr.equals(pw_againStr)){
         register.setID(id);
         register.setPassword(new String(pw));
         HandleRegister handleRegister = new HandleRegister();
         boolean boo =handleRegister.handleRegister(register);
         if(boo)
            JOptionPane.showMessageDialog
          (null,"注册成功","消息对话成功框", JOptionPane.WARNING_MESSAGE);
         else
            JOptionPane.showMessageDialog
          (null,"注册失败，换个 ID","消息对话框", JOptionPane.WARNING_MESSAGE);
       }
       else {
          JOptionPane.showMessageDialog
          (null,"两次输入密码不同","消息对话框", JOptionPane.WARNING_MESSAGE);
       }
    }
}
```

（2）LoginView

LoginView 类是 JPanel 类的子类，其实例提供了登录视图，用户可以在视图提供的文本框中输入登录信息，然后单击提交按钮（如图 4.9 所示）。

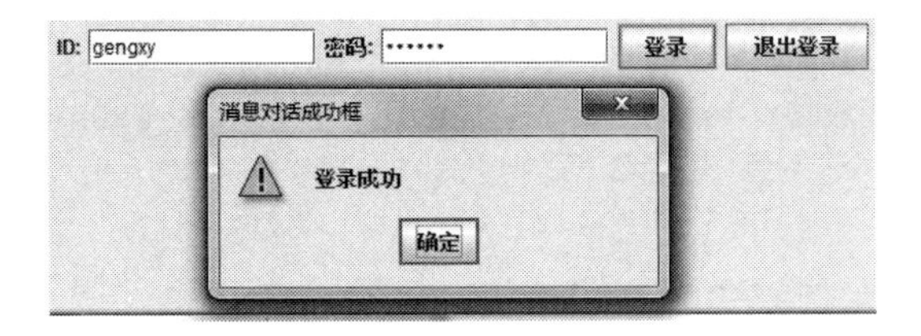

图 4.9　登录视图

LoginView.java

```
package ch4.view;
import javax.swing.*;
import java.awt.event.*;
import ch4.data.*;
public class LoginView extends JPanel implements ActionListener {
   Login login;
   JTextField inputID;
   JPasswordField inputPassword;
   JButton buttonLogin; //登录
   JButton buttonExit;  //退出登录
   public void setLogin(Login login){
      this.login = login;
   }
   LoginView() {
      inputID = new JTextField(12);
      inputPassword = new JPasswordField(12);
      buttonLogin = new JButton("登录");
      buttonExit = new JButton("退出登录");
      add(new JLabel("ID:"));
      add(inputID);
      add(new JLabel("密码:"));
      add(inputPassword);
      add(buttonLogin);
      add(buttonExit);
      buttonExit.addActionListener(new ActionListener(){
                     public void actionPerformed(ActionEvent e){
                       login.setLoginSuccess(false);
                     }});
      buttonLogin.addActionListener(this);
   }
   public void actionPerformed(ActionEvent e) {
      login.setID(inputID.getText());
      char [] pw =inputPassword.getPassword();
      login.setPassword(new String(pw));
```

```
            HandleLogin handleLogin = new HandleLogin();
            login = handleLogin.handleLogin(login);
            if(login.getLoginSuccess() == true) {
              JOptionPane.showMessageDialog
                (null,"登录成功","消息对话成功框", JOptionPane.WARNING_MESSAGE);
            }
            else {
              JOptionPane.showMessageDialog
                (null,"登录失败","消息对话成功框", JOptionPane.WARNING_MESSAGE);
            }
      }
   }.
```

2）添加和删除视图

（1）AddAdvertisementView

AddAdvertisementView 类是 JPanel 类的子类，其实例提供了添加广告的视图，用户可以在视图提供的文本框中输入要添加的广告相关数据，然后单击提交按钮（如图 4.10 所示）。

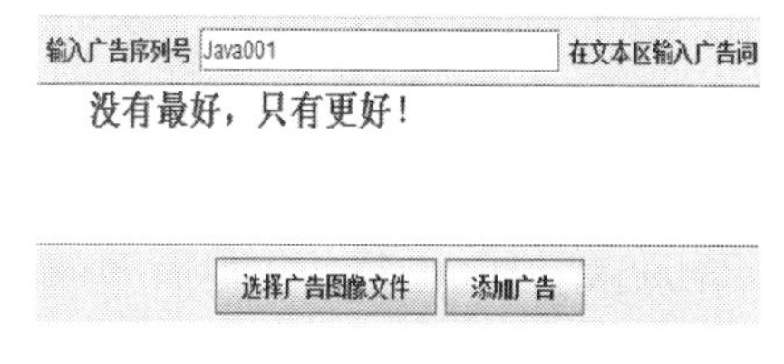

图 4.10　添加广告视图

AddAdvertisementView.java

```
package ch4.view;
import javax.swing.*;
import java.awt.*;
import ch4.data.*;
public class AddAdvertisementView extends JPanel { //添加广告的视图
   public Login login;
   public JTextField inputSerialNumber;              //输入广告的序列号码
   public JTextArea inputWord;                       //输入广告词
   public JButton inputPictureFile;                  //选择广告图片文件
   public JButton submit;                            //提交按钮
   public JTextField hintMess;
   HandleAddAdvertisement handleAddAdvertisement;    //负责处理添加广告
   AddAdvertisementView() {
      initView();
      registerListener() ;
   }
   public void setLogin(Login login){
      this.login = login;
   }
   private void initView() {
      setLayout(new BorderLayout());
```

```
      JPanel pNorth = new JPanel();
      JPanel pSouth = new JPanel();
      hintMess = new JTextField(20);
      hintMess.setEditable(false);
      inputSerialNumber = new JTextField(20);
      inputWord = new JTextArea();
      inputWord.setLineWrap(true);
      inputWord.setWrapStyleWord(true);
      inputWord.setFont(new Font("宋体",Font.BOLD,20));
      inputPictureFile = new JButton("选择广告图像文件");
      submit = new JButton("添加广告");
      pNorth.add(new JLabel("输入广告序列号"));
      pNorth.add(inputSerialNumber);
      pNorth.add(new JLabel("在文本区输入广告词"));
      pSouth.add(inputPictureFile);
      pSouth.add(submit);
      pSouth.add(hintMess);
      add(pNorth,BorderLayout.NORTH);
      add(pSouth,BorderLayout.SOUTH);
      add(new JScrollPane(inputWord),BorderLayout.CENTER);
   }
   private void registerListener() {
      handleAddAdvertisement = new HandleAddAdvertisement();
      handleAddAdvertisement.setView(this);
      submit.addActionListener(handleAddAdvertisement);
      inputPictureFile.addActionListener(handleAddAdvertisement);
   }
}
```

(2) DelAdvertisementView

DelAdvertisementView 类是 JPanel 类的子类，其实例提供了用户删除自己发布的广告的视图，用户可以在视图提供的文本框中输入要删除广告的序列号，然后单击提交按钮（如图 4.11 所示）。

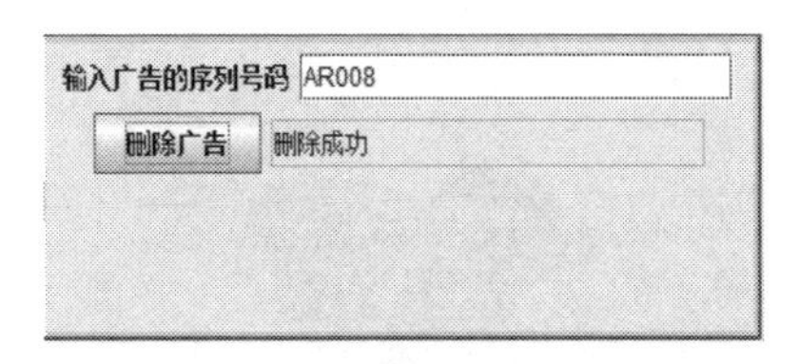

图 4.11 删除广告视图

DelAdvertisementView.java

```
package ch4.view;
import javax.swing.*;
import java.awt.*;
import ch4.data.*;
```

```
public class DelAdvertisementView extends JPanel {  //删除广告的视图
   Login login;
   JTextField inputSerialNumber;                     //输入广告的序列号码
   JButton submit;                                   //提交按钮
   JTextField hintMess;
   HandleDelAdvertisement handleDelAdvertisement;    //负责删除广告
   DelAdvertisementView() {
      initView();
      registerListener() ;
   }
   public void setLogin(Login login){
      this.login = login;
   }
   private void initView() {
      hintMess = new JTextField(20);
      hintMess.setEditable(false);
      inputSerialNumber = new JTextField(20);
      submit = new JButton("删除广告");
      add(new JLabel("输入广告的序列号码"));
      add(inputSerialNumber);
      add(submit);
      add(hintMess);
   }
   private void registerListener() {
      handleDelAdvertisement = new HandleDelAdvertisement();
      handleDelAdvertisement.setView(this);
      submit.addActionListener(handleDelAdvertisement);
   }
}
```

3）显示广告图片的面板和对话框

（1）ImageJPanel

ImageJPanel 类是 JPanel 类的子类，其实例提供显示广告图片的面板（效果如图 4.12 所示）。

图 4.12　显示广告图片的面板

ImageJPanel.java

```
package ch4.view;
import javax.swing.*;
```

```
import java.awt.*;
import java.awt.event.*;
public class ImageJPanel extends JPanel implements MouseListener {
   Image image;
   ImageJPanel() {
      setOpaque(false);
      setBorder(null);
      setToolTipText("单击图像单独调整观看");
      addMouseListener(this);
   }
   public void setImage(Image img){
      image = img;
   }
   public void paintComponent(Graphics g ) {
      super.paintComponent(g);
      g.drawImage(image,0,0,getBounds().width,getBounds().height,this);
   }
   public void mousePressed(MouseEvent e) {
      ShowImageDialog showImageDialog = new ShowImageDialog(image);
      showImageDialog.setVisible(true);
   }
   public void mouseReleased(MouseEvent e){}
   public void mouseEntered(MouseEvent e)  {}
   public void mouseExited(MouseEvent e){}
   public void mouseClicked(MouseEvent e)  {}
}
```

（2）ShowImageDialog

ShowImageDialog 类是 JDialog 类的子类，其实例提供显示广告图片的对话框。当用户在 ImageJPanel 中显示的图片上单击鼠标时，ShowImageDialog 对话框将负责显示 ImageJPanel 中的图片。由于对话框可以调整大小，当用户需要仔细观察图像时就可以使用该对话框。

ShowImageDialog.java

```
package ch4.view;
import java.awt.*;
import javax.swing.*;
public class ShowImageDialog extends JDialog   {
   Image img;
   ShowImageDialog(Image img) { //构造方法
     this.img = img;
     setSize(500,470);
     GiveImage image = new GiveImage();
     add(image);
     setModal(true);
     setDefaultCloseOperation(JFrame.DISPOSE_ON_CLOSE);
   }
```

```
    class GiveImage extends JPanel  {  //内部类，专门为该对话框提供图片
      public void paintComponent(Graphics g ) {
        super.paintComponent(g);
        g.drawImage(img,0,0,getBounds().width,getBounds().height,this);
      }
    }
}
```

（3）AdvertisingBoardView

AdvertisingBoardView 类是 JPanel 类的子类，其实例提供显示广告的视图，该视图提供了前后浏览广告牌的按钮，例如用户单击“下一广告”按钮可以向后依次浏览广告牌上的广告，效果如图 4.13 所示。

图 4.13　广告牌

AdvertisingBoardView.java

```
package ch4.view;
import javax.swing.*;
import java.awt.*;
import java.awt.event.*;
import ch4.data.*;
public class AdvertisingBoardView extends JPanel {
   AdvertisingBoard advertisingBoard;         //本视图需要显示的广告牌
   public JTextArea showContent;              //显示广告内容
   public ImageJPanel showImage;              //显示广告的图像
   public JButton next,previous;              //选择“上一广告”“下一广告”的按钮
   public JLabel showID;                      //显示广告发布者 id
   public JLabel showNumber ;                 //显示广告的序列号
   HandleAdvertisingBoard handleAdvertisingBoard;//负责处理广告牌中的广告
   public AdvertisingBoardView() {
      initView();
      registerListener();
   }
   public void initView() {
      setLayout(new BorderLayout());
      showImage = new ImageJPanel();
      showContent = new JTextArea(12,12);
      showContent.setToolTipText("在图上单击鼠标可调整观看");
```

```
        showContent.setForeground(Color.blue);
        showContent.setWrapStyleWord(true);
        showContent.setLineWrap(true); //回行自动
        showContent.setFont(new Font("宋体",Font.BOLD,18));
        next = new JButton("下一广告");
        previous = new JButton("上一广告");
        JPanel pNorth = new JPanel();
        pNorth.setBackground(Color.cyan) ;
        showID = new JLabel();
        showNumber = new JLabel();
        pNorth.add(new JLabel("发布者的 ID:"));
        pNorth.add(showID);
        pNorth.add(new JLabel("广告的序列号:"));
        pNorth.add(showNumber);
        add(pNorth,BorderLayout.NORTH);
        JPanel pCenter = new JPanel();
        pCenter.setLayout(new GridLayout(1,2));
        pCenter.add(new JScrollPane(showContent));
        pCenter.add(showImage);
        add(pCenter,BorderLayout.CENTER);
        JPanel pSouth = new JPanel();
        pSouth.add(next);
        pSouth.add(previous);
        add(pSouth,BorderLayout.SOUTH);
        validate();
    }
    public void registerListener(){
        handleAdvertisingBoard = new HandleAdvertisingBoard();
        next.addActionListener(handleAdvertisingBoard);
        previous.addActionListener(handleAdvertisingBoard);
        handleAdvertisingBoard.setView(this);
    }
    public void setAdvertisingBoard(AdvertisingBoard advertisingBoard) {
        this.advertisingBoard = advertisingBoard;
    }
}
```

4）查询视图

（1）QueryOneUserADView

QueryOneUserADView 类是 JPanel 类的子类，其实例提供查询自己或其他用户发布的广告视图，用户可以在视图提供的文本框中输入要查询的用户的 id，然后单击提交按钮。QueryOneUserADView 将 AdvertisingBoardView（广告牌）的实例作为自己的成员，即将查询到的广告放入广告牌，以便显示这些广告。效果如图 4.14 所示。

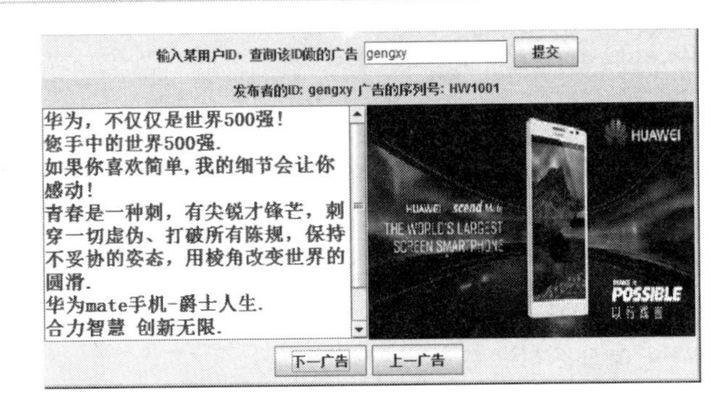

图 4.14 查询某用户广告

QueryOneUserADView.java

```
package ch4.view;
import java.awt.event.*;
import javax.swing.*;
import java.awt.*;
import ch4.data.*;
public class QueryOneUserADView extends JPanel {//查询一个用户广告的视图
   public Login login;
   public JTextField inputID;                          //输入用户 ID
   JButton submit;                                     //提交按钮
   public AdvertisingBoardView pCenter ;               //广告牌
   HandleQueryOneUserAD handleQueryOneUserAD;          //负责查询某个用户的广告
   QueryOneUserADView() {
      initView();
      registerListener() ;
   }
   public void setLogin(Login login){
      this.login = login;
   }
   private void initView() {
      setLayout(new BorderLayout());
      JPanel pNorth = new JPanel();
      pCenter = new AdvertisingBoardView();
      inputID = new JTextField(12);
      submit = new JButton("提交");
      pNorth.add(new JLabel("输入某用户 ID，查询该 ID 做的广告"));
      pNorth.add(inputID);
      pNorth.add(submit);
      add(pNorth,BorderLayout.NORTH);
      add(pCenter,BordcrLayout.CENTER);
   }
   private void registerListener() {
      handleQueryOneUserAD = new HandleQueryOneUserAD();
      handleQueryOneUserAD.setView(this);
```

```
            submit.addActionListener(handleQueryOneUserAD);
        }
    }
```

（2）QueryAllUserADView

QueryAllUserADView 类是 JPanel 类的子类，其实例提供了查询全部广告的视图，用户可以单击视图提供的查询全部广告的按钮来查询全部的广告。QueryAllUserADView 将 AdvertisingBoardView（广告牌）的实例作为自己的成员，即将查询到的广告放入广告牌，以便显示这些广告。

QueryAllUserADView.java

```
package ch4.view;
import java.awt.event.*;
import javax.swing.*;
import java.awt.*;
import ch4.data.*;
public class QueryAllUserADView extends JPanel {//查询全部广告的视图
   public Login login;
   JButton submit;                                  //提交按钮
   public AdvertisingBoardView pCenter ;            //广告牌
   HandleQueryAllUserAD handleQueryAllUserAD;       //负责查询所有广告
   QueryAllUserADView() {
      initView();
      registerListener() ;
   }
   public void setLogin(Login login){
      this.login = login;
   }
   private void initView() {
      setLayout(new BorderLayout());
      JPanel pNorth = new JPanel();
      pCenter = new AdvertisingBoardView();
      submit = new JButton("浏览全部广告");
      pNorth.add(submit);
      add(pNorth,BorderLayout.NORTH);
      add(pCenter,BorderLayout.CENTER);
   }
   private void registerListener() {
      handleQueryAllUserAD = new HandleQueryAllUserAD();
      handleQueryAllUserAD.setView(this);
      submit.addActionListener(handleQueryAllUserAD);
   }
}
```

（3）IntegrationView

IntegrationView 类是 JFrame 类的子类，其实例使用 JTabbedPane 将各个视图集成到当前

IntegrationView 窗体中（如图 4.15 所示）。

图 4.15　集成视图的窗体

IntegrationView.java

```
package ch4.view;
import java.awt.BorderLayout;
import javax.swing.JFrame;
import javax.swing.JTabbedPane;
import ch4.data.Login;
public class IntegrationView extends JFrame{
   JTabbedPane tabbedPane; //用选项卡集成下列各个视图
   RegisterView regisView;
   LoginView loginView;
   AddAdvertisementView addAdvertisementView;
   DelAdvertisementView delAdvertisementView;
   QueryAllUserADView queryAllUserADView;
   QueryOneUserADView queryOneUserADView;
   Login login;
   public IntegrationView(){
      regisView = new RegisterView();
      login = new Login();
      loginView = new LoginView();
      addAdvertisementView = new AddAdvertisementView();
      delAdvertisementView = new DelAdvertisementView();
      queryAllUserADView = new QueryAllUserADView();
      queryOneUserADView = new QueryOneUserADView();
      loginView.setLogin(login);
      addAdvertisementView.setLogin(login);
      delAdvertisementView.setLogin(login);
      queryAllUserADView.setLogin(login);
      queryOneUserADView.setLogin(login);
      tabbedPane=
      new JTabbedPane(JTabbedPane.LEFT);//选项卡在左侧，默认是 JTabbedPane.TOP
      tabbedPane.add("登录",loginView);
      tabbedPane.add("注册",regisView);
      tabbedPane.add("添加广告",addAdvertisementView);
```

```
            tabbedPane.add("删除广告",delAdvertisementView);
            tabbedPane.add("浏览全部用户广告",queryAllUserADView);
            tabbedPane.add("浏览某个用户广告",queryOneUserADView);
            tabbedPane.validate();
            add(tabbedPane,BorderLayout.CENTER);
            setBounds(100,100,1200,560);
            validate();
            setDefaultCloseOperation(JFrame.DISPOSE_ON_CLOSE);
            setVisible(true);
        }
    }
```

❷ 事件监视器

事件监视器负责处理视图上触发的用户界面事件，以便完成相应的任务。

1）处理添加和删除视图上触发的用户界面事件

（1）HandleAddAdvertisement

HandleAddAdvertisement 类实现了 ActionListener 接口，其实例负责处理用户单击按钮触发的 ActionEvent 事件。当用户在添加广告界面（AddAdvertisementView 视图）单击提交按钮后，由 HandleAddAdvertisement 的实例负责将广告添加到数据库的表中。

HandleAddAdvertisement.java

```
package ch4.view;
import java.awt.event.*;
import javax.swing.*;
import java.io.*;
import ch4.data.AddAdvertisement;
import ch4.data.Advertisement;
//负责处理添加广告视图上的 ActionEvent 事件
public class HandleAddAdvertisement implements ActionListener {
   AddAdvertisementView view ;
   AddAdvertisement addAdvertisement;
   Advertisement ad;
   public HandleAddAdvertisement(){
      addAdvertisement = new AddAdvertisement();
      ad = new Advertisement();
   }
   public void actionPerformed(ActionEvent e) {
      addAdvertisement.setLogin(view.login);
      if(view.login.getLoginSuccess() == false){
        JOptionPane.showMessageDialog
        (null,"请先登录","消息对话框", JOptionPane.WARNING_MESSAGE);
         return;
      }
      if(e.getSource()==view.inputPictureFile) {
         JFileChooser fileDialog=new JFileChooser();
         int state=fileDialog.showOpenDialog(null);
```

```
            if(state==JFileChooser.APPROVE_OPTION) {
               try{
                  File dir=fileDialog.getCurrentDirectory();
                  String name=fileDialog.getSelectedFile().getName();
                  File file=new File(dir,name);
                  ad.setPictureFile(file);
               }
               catch(Exception exp){}
            }
         }
         if(e.getSource()==view.submit) {
            String number = view.inputSerialNumber.getText();
            String content = view.inputWord.getText();
            ad.setContent(content);
            ad.setSerialNumber(number);
            boolean boo = addAdvertisement.addAdvertisement(ad);
            if(boo)
               view.hintMess.setText("添加成功");
            else
               view.hintMess.setText("添加失败");
         }
      }
      public void setView(AddAdvertisementView view) {
         this.view = view;
      }
   }
```

（2）HandleDelAdvertisement

HandleDelAdvertisement 类实现了 ActionListener 接口，其实例负责处理用户单击按钮触发的 ActionEvent 事件。当用户在删除广告界面（DelAdvertisementView 视图）单击提交按钮后，由 HandleDelAdvertisement 的实例负责删除数据库的表中的广告。

HandleDelAdvertisement.java

```
package ch4.view;
import java.awt.event.*;
import javax.swing.JOptionPane;
import ch4.data.*;
//负责处理删除广告的视图上的 ActionEvent 事件
public class HandleDelAdvertisement implements ActionListener {
   DelAdvertisementView view ;          //删除广告的视图
   DelAdvertisement delAdvertisement;   //负责删除广告的对象
   public HandleDelAdvertisement(){
      delAdvertisement = new DelAdvertisement();
   }
   public void actionPerformed(ActionEvent e) {
      delAdvertisement.setLogin(view.login);
```

```
        if(view.login.getLoginSuccess() == false){
          JOptionPane.showMessageDialog
          (null,"请先登录","消息对话框", JOptionPane.WARNING_MESSAGE);
           return;
        }
        String number = view.inputSerialNumber.getText().trim();
        boolean boo = delAdvertisement.delAdvertisement(number);//删除操作
        if(boo)
           view.hintMess.setText("删除成功");
        else
           view.hintMess.setText("删除失败，没有该广告");
    }
    public void setView(DelAdvertisementView view) {
        this.view = view;
    }
}
```

2）处理查询视图上触发的用户界面事件

（1）HandleAdvertisingBoard

HandleAdvertisingBoard类实现了ActionListener接口，其实例负责处理用户单击按钮触发的ActionEvent事件。用户在广告牌界面（AdvertisingBoardView视图）中单击“下一广告”按钮，该实例让广告牌显示下一张广告；单击“上一广告”按钮，该实例让广告牌显示上一张广告。

HandleAdvertisingBoard.java

```
package ch4.view;
import javax.swing.*;
import java.awt.*;
import java.awt.event.*;
import ch4.data.*;
public class HandleAdvertisingBoard implements ActionListener{
   AdvertisingBoardView view;           //广告牌
   Advertisement advertisement;         //广告牌上要显示的一个广告
   public void setView(AdvertisingBoardView view) {
      this.view = view;
   }
   public void actionPerformed(ActionEvent e) {
      if(e.getSource()==view.next){
         if(view.advertisingBoard!=null){
             advertisement = view.advertisingBoard.nextAdvertisement();
             handleAdvertisement(advertisement);
         }
         else {
            JOptionPane.showMessageDialog
            (view,"没有广告","消息对话框",JOptionPane.WARNING_MESSAGE);
         }
      }
```

```
         if(e.getSource()==view.previous){
            if(view.advertisingBoard!=null){
                advertisement = view.advertisingBoard.previousAdvertisement();
                handleAdvertisement(advertisement);
            }
            else {
              JOptionPane.showMessageDialog
                (view,"没有广告","消息对话框",JOptionPane.WARNING_MESSAGE);
            }
         }
      }
      private void handleAdvertisement(Advertisement advertisement) {
            if(advertisement==null) {
               JOptionPane.showMessageDialog
               (view,"没有广告","消息对话框",JOptionPane.WARNING_MESSAGE);
            }
            else {
               view.showID.setText(advertisement.getID());
               view.showNumber.setText(advertisement.getSerialNumber());
               view.showContent.setText(advertisement.getContent());
               view.showImage.setImage(advertisement.getImage());
               view.showImage.repaint();
            }
      }
   }
```

(2) HandleQueryOneUserAD

HandleQueryOneUserAD 类实现了 ActionListener 接口，其实例负责处理用户单击按钮触发的 ActionEvent 事件。用户在查询某个用户的广告界面（QueryOneUserADView 视图）时输入用户的 id，单击提交按钮后，由 HandleQueryOneUserAD 的实例负责查询数据库的表中 id 用户的广告，并将广告放入广告牌。

HandleQueryOneUserAD.java

```
package ch4.view;
import java.awt.event.*;
import java.awt.*;
import javax.swing.*;
import ch4.data.*;
//负责处理查询一个用户广告视图上的 ActionEvent 事件
public class HandleQueryOneUserAD implements ActionListener {
  QueryOneUserADView view ;
  QueryOneUserAD query;
  public HandleQueryOneUserAD(){
    query = new QueryOneUserAD();
  }
  public void actionPerformed(ActionEvent e) {
```

```
        query.setLogin(view.login);
        if(view.login.getLoginSuccess() == false){
          JOptionPane.showMessageDialog
          (null,"请先登录","消息对话框", JOptionPane.WARNING_MESSAGE);
           return;
        }
        String id = view.inputID.getText().trim();
        if(id.length() == 0) return;
        Advertisement [] ad = query.queryOneUser(id);
        if(ad == null ) return;
        AdvertisingBoard board = new AdvertisingBoard();   //创建广告牌
        board.setAdvertisement(ad);                        //在广告牌上设置广告
        view.pCenter.setAdvertisingBoard(board);           //在视图上显示广告牌
        view.pCenter.next.doClick();
    }
    public void setView(QueryOneUserADView view) {
        this.view = view;
    }
}
```

（3）HandleQueryAllUserAD

HandleQueryAllUserAD 类实现了 ActionListener 接口，其实例负责处理用户单击按钮触发的 ActionEvent 事件。当用户在查询全部广告界面（QueryAllUserADView 视图）中单击提交按钮后，由 HandleQueryAllUserAD 的实例负责查询数据库的表中的全部广告并将广告放入广告牌。

HandleQueryAllUserAD.java

```
package ch4.view;
import java.awt.event.*;
import java.awt.*;
import javax.swing.*;
import ch4.data.*;
//负责处理查询所有广告视图上的 ActionEvent 事件
public class HandleQueryAllUserAD implements ActionListener {
   QueryAllUserAD  queryAll;
   QueryAllUserADView view ;
   public HandleQueryAllUserAD(){
      queryAll = new QueryAllUserAD();
   }
   public void actionPerformed(ActionEvent e) {
      queryAll.setLogin(view.login);
      if(view.login.getLoginSuccess() == false){
        JOptionPane.showMessageDialog
        (null,"请先登录","消息对话框", JOptionPane.WARNING_MESSAGE);
         return;
      }
```

```
      Advertisement [] ad = queryAll.queryAllUser();
      if(ad == null ) return;
      AdvertisingBoard board = new AdvertisingBoard();   //创建广告牌
      board.setAdvertisement(ad);                        //在广告牌上设置广告
      view.pCenter.setAdvertisingBoard(board);           //在视图上显示广告牌
      view.pCenter.next.doClick();
   }
   public void setView(QueryAllUserADView view) {
      this.view = view;
   }
}
```

4.5 GUI 程序

按照源文件中的包语句将 4.4 节中相关的源文件保存到以下目录中：

```
D:\ch4\view\
```

编译各个源文件，例如：

```
C:\>javac ch4/view/IntegrationView.java
```

把 4.2 和 4.4 节给出的类看作一个小框架，下面用框架中的类编写 GUI 应用程序，完成 4.1 节给出的设计要求。

将 AppWindow.java 源文件按照包名保存到以下目录中：

```
D:\ch4\gui
```

编译源文件：

```
D:\>javac ch4/gui/AppWindow.java
```

也可以一次编译多个源文件：

```
D:\>javac ch4/view/*.java
```

运行 AppWindow 类（运行效果见本章开始给出的图 4.1）。

```
D:\>java ch4.gui.AppWindow
```

AppWindow.java

```
package ch4.gui;
import ch4.view.IntegrationView;
public class AppWindow {
   public static void main(String [] args) {
      IntegrationView win = new IntegrationView();
   }
}
```

4.6 程序发布

本章是C/S模式结构，只能发布客户端程序。

软件说明书：

Server端可以是MySQL或其他数据库，数据库的名字必须是guanggao_db。

另外，必须有以下结构的两个表。

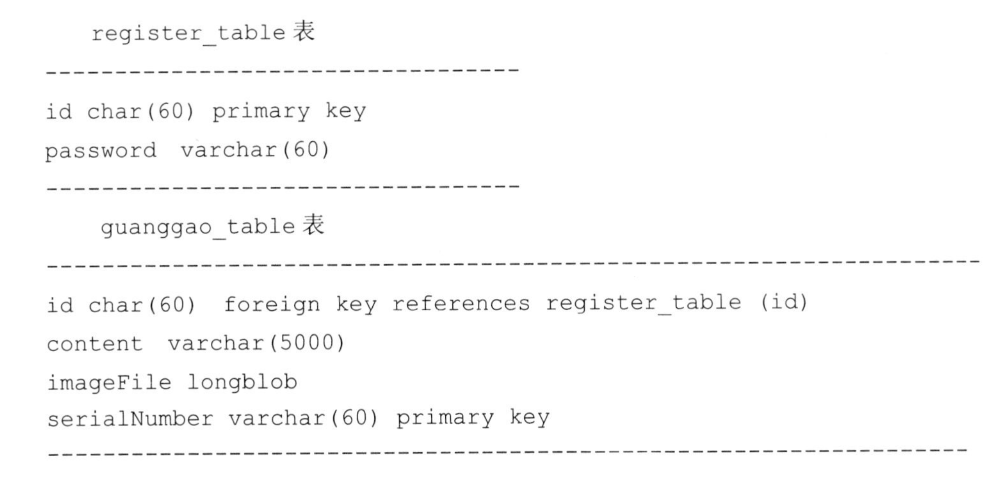

```
   register_table表
----------------------------------
id char(60) primary key
password  varchar(60)
----------------------------------
    guanggao_table表
-------------------------------------------------------------------
id char(60)  foreign key references register_table (id)
content  varchar(5000)
imageFile longblob
serialNumber varchar(60) primary key
-------------------------------------------------------------------
```

用户可以根据服务器端的数据库类型更改ip文件夹下的IP文件的内容，注意保证IP.txt文件有且仅有一行文本。

❶ 清单文件

编写以下清单文件（用记事本保存时需要将保存类型选择为“所有文件(*.*)”)：

ch4.mf

```
Manifest-Version: 1.0
Main-Class: ch4.gui.AppWindow
Created-By: 1.8
```

将ch4.mf保存到D:\，即保存在包名所代表的目录的上一层目录中。

> **注意** 清单中的Manifest-Version和1.0之间、Main-Class和主类ch4.gui.AppWindow之间以及Created-By和1.8之间必须有且只有一个空格。

❷ 用批处理文件发布程序

使用jar命令创建.jar文件：

```
D:\>jar cfm Guanggao.jar ch4.mf  ch4/data/*.class ch4/view/*.class ch4/
gui/*.class
```

其中，参数c表示要生成一个新的JAR文件，f表示要生成的JAR文件的名字，m表示清单文件的名字。如果没有任何错误提示，在D:\下将产生一个名字是Guanggao.jar的文件。

编写以下guanggao.bat，用记事本保存该文件时需要将保存类型选择为“所有文件(*.*)”。

guanggao.bat

```
path.\jre\bin
pause
javaw -jar Guanggao.jar
```

将该文件保存到自己命名的某个文件夹中，例如名字是 2000 的文件夹中。然后将Guanggao.jar、ip 文件夹以及 JRE（即调试程序使用的 JDK 安装目录下的 JRE 子目录）复制到 2000 文件夹中。

可以将 2000 文件夹作为软件发布，也可以用压缩工具将 2000 文件夹下的所有文件压缩成.zip 或.jar 文件发布。用户解压后双击 guanggao.bat 即可运行程序。

如果客户的计算机上有 JRE，可以不把 JRE 复制到 2000 文件夹中，同时去除.bat 文件中的“path.\jre\bin”内容。

4.7 课设题目

❶ 广告墙设计

在学习本章代码的基础上改进广告墙，可以为程序增加任何合理的并有能力完成的功能，但至少要增加下列所要求的功能。

① 用户可以修改自己的登录密码。

② 用户可以修改自己的广告内容。

③ 增加独立的管理员模块（要求是单独的 Java 程序）。管理员的 id 和密码存放到一个单独的表中，例如 manage_table 表。管理员登录后可以重新设置自己的密码。管理员可以删除用户，但不能修改用户；可以删除广告，但不能修改广告。

❷ 自定义题目

通过老师指导或自己查找资料自创一个题目。

第 5 章　标准化试题训练系统

5.1　设计要求

设计 GUI 界面的标准化试题训练系统。具体要求如下：

① 使用 Microsoft Excel 工作簿存放标准化试题，形成题库。

② 程序每次从题库随机抽取若干道题目形成一张试卷，用户可以依次做试卷上的题目，允许用户向前、向后翻阅试卷上的题目。

③ 用户每次做完一个题目必须确定该题目的答案，否则无效。

④ 有计时功能，比如指定一张试卷限用时 15 分钟，时间一到用户再无法答题，提示用户提交试卷。

⑤ 用户一旦提交试卷，程序将给出试卷的分值。

⑥ 为了达到反复训练的目的，用户提交试卷后可以继续让程序再出一套试卷。

程序运行的参考效果图如图 5.1 所示。

图 5.1　标准化试题训练系统

注意　我们按照 MVC-Model View Control（模型，视图，控制器）的设计思想展开程序的设计和代码的编写。数据模型部分相当于 MVC 中的 Model 角色，视图设计部分给出的界面部分相当于 MVC 中的 View，视图设计部分给出的事件监视器相当于 MVC 中的 Control。

5.2　数据模型

根据系统设计要求在数据模型部分设计了 Excel 表，编写了有关的类。

- 创建 Excel 工作簿。

- Problem 类：其实例是一道试题。
- TestPaper 类：其实例是一张试卷。
- GiveTestPaper 接口：封装给出试卷方法。
- RamdomInitTestPaper 类：实现 GiveTestPaper 接口，其实例负责随机从题库抽取题目给出试卷。
- Teacher 接口：封装阅卷方法。
- TeacherOne 类：实现 Teacher 接口，其实例负责阅卷。

数据模型部分涉及的主要类的 UML 图如图 5.2 所示。

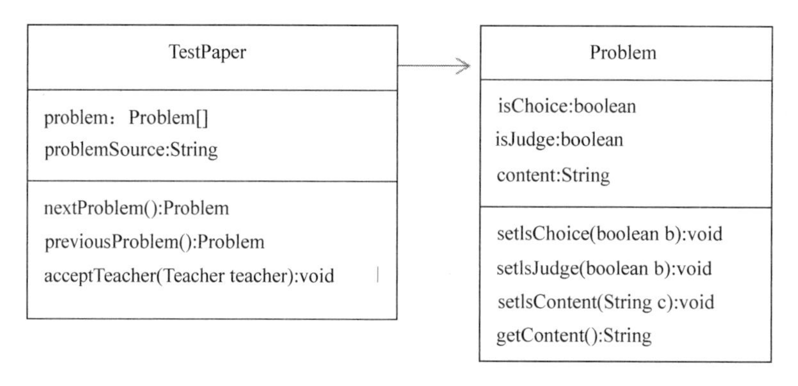

图 5.2　主要类的 UML 图

❶ Excel 工作簿

Excel 工作簿在存储数据方面有着广泛的应用（它不是数据库），其中的 Sheet 表的结构和数据库中的表类似。JDBC 没有提供操作 Excel 工作簿的 API。为了操作 Excel 工作簿，需要额外下载操作 Excel 的 API。

1）下载 Excel API

用户可以搜索 Excel API 得到一个 Excel API 的下载地址，比如：

http://download.csdn.net/download/sparkthink/4168138

然后将下载的 jexcelapi_2_6_6.zip（版本号及名字略有差异，有些下载网址的下载名称是 jxls-2.3.0）解压缩到本地，则根目录下的 jxl.jar 文件就是操作 Excel 所需要的 API 的 JAR 文件（不要解压缩该文件），根目录下的其他文件主要是 Excel API 的帮助文档。将 jxl.jar 复制到 Java 运行环境的扩展中，即将这个 JAR 文件 jxl.jar 存放在 JDK 安装目录的“\jre\lib\ext”中，比如“E:\jdk1.8\jre\lib\ext”。在安装 JDK 时还额外有一个 JRE，比如默认安装在“C:\Program Files (x86)\Java\ jre1.8.0_45”。将 jxl.jar 文件也复制到“C:\Program Files (x86)\Java\jre1.8.0_45\lib\ext”中。

注意　可以到作者的网盘“http://pan.baidu.com/s/1qYCv0ra”下载 jexcelapi_2_6_6.zip。

2）存储试题的 Sheet 表

在标准化试题训练系统中，按照要求需要使用 Excel 工作簿中的 Sheet 表存储试题，即 Excel 工作簿中的 Sheet 表充当题库的角色。Excel 中 Sheet 表的结构对代码的编写是十分重要的，比如列的数目以及顺序，因为后续的某些代码依赖于这些结构，即某些代码会和 Sheet 表的结构形成紧耦合关系，因此，Sheet 表的结构一旦更改，必然引起代码的修改。对 Excel 中 Sheet 表的结构要求如下：

Sheet 表一共 7 列（A、B、C、D、E、F、G），各列的取值规则如下（不可再改变其取值规则）。

- A 列：试题内容。例如“这个标志是何含义？”
- B 列：正确答案。试题的正确答案只可以是 A、B、C、D 字母的组合（不区分大小写），例如 B、ABC、C、D。
- C 列：选择项目。例如“A.沿左侧车道掉头”。
- D 列：选择项目。例如“B.该路口不能掉头”。
- E 列：选择项目。例如“C.选择中间车道掉头”。
- F 列：选择项目。例如“D.多股铁路与道路相交”。
- G 列：题目类型。题目的类型只可以是“p”“x”“p#图像文件名字”或“x#图像文件名字”（字母 p、x 不区分大小写），例如 x#hello.jpg、p#java001.jpg。类型 p 表示试题类型是判断题，类型 x 表示试题类型是选择题，类型 p#表示试题类型是判断题并带有图像，x#表示试题类型是选择题并带有图像。
- Excel 中 Sheet 表的第一行不是试题，是试题的说明，说明文字可任意给定。

根据设计要求打开 Microsoft Excel 设计了 Excel 工作簿以及其中的第一张 Sheet 表（在 Excel 工作簿中是 Sheet1 表）——交通理论.xls，Sheet1 表结构如图 5.3 所示。

A	B	C	D	E	F	G
题目内容	正确答案	选择项目	选择项目	选择项目	选择项目	题目类型
遇到这种情况的路口，	B	A.沿左侧车	B.该路口不能	C.选择中间	D.在路口内	x#x001.jpg
这个标志是何含义？	B	A.无人看守	B.有人看守钅	C.立交式的	D.多股铁路	x#x002.jpg
拼装的机动车只要认え	B	A.正确	B.错误			p
在道路与铁路道口遇到	B	A.正确	B.错误			p#p001.jpg
机动车发生碰撞时座椅	D	A.减轻驾乘	B.保护驾乘	C.保护驾乘	D.保护驾乘	x

图 5.3　Excel 中的 Sheet 表的结构

下载的操作 Excel 表的 API 要求 Excel 工作簿必须是扩展名为.xls 的 Excel 文件，因此在用 Microsoft Excel 保存 Excel 工作簿时需要把保存类型选择为“Excel 97-2003 工作簿(*.xls)”。

3）题库与图像管理

需要建立一个名字是“题库”的文件夹，存放 Excel 工作簿，以及名字是“图像管理”的文件夹，存放所需要的图像文件。文件夹的位置需要和程序在同级目录中。比如，程序中的包名目录是“ch5\gui”，“ch5\gui”目录的上一层目录是 D:\，那么“题库”文件夹和“图像管理”文件夹必须存放在 D:\下，即保持和 ch5 是同级。

为了便于软件的管理以及编写，对于不需要图像的试题，程序统一用默认的图像，该默认图像的名字固定为 havenot.jpg。另外，程序还需要一个名字是 renew.jpg 的图像，当用户重新选择试卷时用该图像友好地提示用户，因此必须将 havenot.jpg 和 renew.jpg 图像保存到“图像管理”文件夹中（图像的外观可自己指定）。havenot.jpg 和 renew.jpg 图像如图 5.4 所示。

图 5.4　havenot.jpg 和 renew.jpg

❷ 试题与试卷

1）Problem 类

Sheet 表中的一行数据是一道试题。用 Problem 类来封装 Sheet 表的基本结构，即试题，这对于后续代码的设计是非常有利的。下列 Problem 类封装表结构，其实例是一道试题。

Problem.java

```
package ch5.data;
public class Problem {
   boolean isChoice;                               //是否为选择题
   boolean isJudge;                                //是否为判断题
   String  content;                                //题目内容
   String  giveChoiceA,giveChoiceB,giveChoiceC,giveChoiceD;//提供选择
   String  imageName;                              //题目所带的图像文件的名字
   String  correctAnswer="QWEQ@#$@!@#1QWEQ";      //题目的正确答案
   //用户回答的初始答案和 correctAnswer 不同，防止出题人忘记给正确答案
   String  userAnswer =""  ;                       //初始值必须是不含任何字符的串
   public boolean getIsChoice() {
      return isChoice;
   }
   public void setIsChoice(boolean b) {
      isChoice = b;
   }
   public boolean getIsJudge() {
      return isJudge;
   }
   public void setIsJudge(boolean b) {
      isJudge = b;
   }
   public void setContent(String c) {
      content = c;
   }
   public String getContent() {
      return content;
   }
   public void setCorrectAnswer(String a) {
      correctAnswer = a;
   }
   public String getCorrectAnswer() {
```

```
        return correctAnswer;
    }
    public void setUserAnswer(String u) {
        userAnswer = u;
    }
    public String getUserAnswer() {
        return userAnswer;
    }
    public void setGiveChoiceA(String a) {
        giveChoiceA = a;
    }
    public String getGiveChoiceA() {
        return giveChoiceA;
    }
    public void setGiveChoiceB(String b) {
        giveChoiceB = b;
    }
    public String getGiveChoiceB() {
        return giveChoiceB;
    }
    public void setGiveChoiceC(String c) {
        giveChoiceC = c;
    }
    public String getGiveChoiceC() {
        return giveChoiceC;
    }
    public void setGiveChoiceD(String d) {
        giveChoiceD = d;
    }
    public String getGiveChoiceD() {
        return giveChoiceD;
    }
    public void setImageName(String c) {
        imageName = c;
    }
    public String getImageName() {
        return imageName;
    }
}
```

2）TestPaper 类

训练时需要从题库获得若干个试题，即用若干个试题组成一张试卷，这里用 TestPaper 类封装试卷，即该类的实例就是一张试卷。

TestPaper.java

```
package ch5.data;
```

```
public class TestPaper {  //试卷
   private Problem [] problem=null;//数组的每个单元存放一道试题（一个 Problem 对象）
   int index = -1;
   String  problemSource ;          //试卷的题库
   public void setProblem(Problem [] problem){
      this.problem = problem;
   }
   public  Problem  getProblem(int i) {
     if(problem == null) {
        return null;
     }
     if(problem.length==0){
        return null;
     }
     if(i>=problem.length||i<0) {
         return null;
     }
     return problem[i];
   }
   public  Problem  nextProblem() {
     index++;
     if(problem == null) {
        return null;
     }
     if(problem.length==0){
       return null;
     }
     if(index==problem.length) {
         index  = problem.length-1;  //到最后一个题目停止
     }
     return problem[index];
   }
   public  Problem  previousProblem() {
     index--;
     if(problem == null) {
        return null;
     }
     if(problem.length==0){
       return null;
     }
     if(index<0) {
         index =0;                    //到第一个题目停止
     }
     return problem[index];
   }
   public  Problem [] getAllProblem(){
```

```
        if(problem == null) {
           return null;
        }
        if(problem.length==0){
          return null;
        }
        return problem;
    }
    public int getProlemAmount(){
        if(problem == null) {
           return 0;
        }
        return problem.length;
    }
    public void setProblemSource(String source){
        problemSource = source;
    }
    public String getProblemSource(){
        return problemSource;
    }
    public void acceptTeacher(Teacher teacher) {      //让老师来批卷（访问者模式）
        teacher.giveTestPaparScore(this);              //teacher批卷
    }
}
```

❸ 阅卷

试卷本身不能给出自己的分数，需要其他对象访问试卷，根据试卷中的数据给出相应的评判。为了便于系统的后期扩展，这里将评判试卷的方法封装在Teacher接口中：

```
public void giveTestPaparScore(TestPaper testPaper)
```

Teacher.java

```
package ch5.data;
public interface Teacher {
   public void giveTestPaparScore(TestPaper testPaper);
}
```

下列TeacherOne类实现Teacher接口，给出了一种评卷方式（只给出正确率）。

TeacherOne.java

```
package ch5.data;
import javax.swing.*;
public class TeacherOne implements Teacher {
   public void giveTestPaparScore(TestPaper testPaper){
        int correctAmount=0;          //百分比计分
        if(testPaper==null){
          JOptionPane.showMessageDialog
            (null,"没答题","消息对话框",JOptionPane.WARNING_MESSAGE);
```

```
            return;
        }
        Problem p[] = testPaper.getAllProblem();
        if(p==null||p.length==0){
          JOptionPane.showMessageDialog
            (null,"没答题","消息对话框",JOptionPane.WARNING_MESSAGE);
          return;
        }
        for(int i=0;i<p.length;i++){
           boolean b = compare(p[i].getUserAnswer(),p[i].getCorrectAnswer());
           if(b) {
              correctAmount++;
           }
        }
        double result = (double)correctAmount/(double)p.length;
        int r =(int)(result*100);
        String s = "共有:"+p.length+"道题."+
                "您做对了"+correctAmount+"题,"+"正确率大约"+r+"%";
        JLabel mess = new JLabel(s);
        JOptionPane.showMessageDialog(null,mess,"成绩",JOptionPane.PLAIN_
       MESSAGE );
    }
    private boolean compare(String s,String t) {
        boolean isTrue = true;
        for(int i=0;i<s.length();i++) {
           String temp = ""+s.charAt(i);
           if(!(t.contains(temp)))
             isTrue = false;
        }
        for(int i=0;i<t.length();i++) {
           String temp = ""+t.charAt(i);
           if(!(s.contains(temp)))
             isTrue = false;
        }
        return isTrue;
    }
}
```

❹ 抽取试题

为了便于系统的后期扩展，这里将抽取试题形成试卷的方法封装在 GiveTestPaper 接口中：

```
public TestPaper getTestPaper(String excelFileName,int amount)
```

GiveTestPaper.java

```
package ch5.data;
```

```
public interface GiveTestPaper {
  public TestPaper getTestPaper(String excelFileName,int amount);
}
```

下列 RamdomInitTestPaper 类实现 GiveTestPaper 接口，其实例负责给出试卷（随机从题库中抽取若干道试题形成一张试卷）。

RamdomInitTestPaper.java

```
package ch5.data;
import java.io.*;
import jxl.*;
import java.util.*;
import javax.swing.JOptionPane;
public class RamdomInitTestPaper implements GiveTestPaper {
                                          //将试题放入试卷（出卷）
  TestPaper testPaper ;                   //试卷
  File fileExcel;
  Problem [] problem;
          //组成试卷的一套题（problem 的单元存放一道试题，即一个 Problem 对象）
  InputStream in = null;
  Workbook wb = null;  //封装 Excel，Workbook 是 jxl 包中的类
  Sheet sheet = null;  //封装 Excel 中的 sheet，Sheet 是 jxl 包中的类
  LinkedList<Integer> list;               //随机抽取试题时用
  public RamdomInitTestPaper() {
    testPaper = new TestPaper();
    list = new LinkedList<Integer>();
  }
  public TestPaper getTestPaper(String excelFileName,int amount) {
    boolean b =setExcel(excelFileName);    //设置用户存放试题的电子表格
    if(b) {
      try {
        randomGiveProblem(amount);
                  //随机给出 amount 道试题，见类后面的 random GiveProblem 方法
      }
      catch(ArrayIndexOutOfBoundsException e){
        System.out.println("试题必须有类型，请检查题库");
        System.exit(0);
      }
      testPaper.setProblem(problem);       //试卷上设置的一套试题是 problem
      return testPaper;                    //返回试卷
    }
    else {
      JOptionPane.showMessageDialog
      (null,"没有预备题库","消息对话框",JOptionPane.WARNING_MESSAGE);
      return null;
    }
  }
```

```
private boolean setExcel(String excelFileName){
    boolean b =true;
    try {
      fileExcel =new File(excelFileName);
      in =new FileInputStream(fileExcel);
      testPaper.setProblemSource(fileExcel.getAbsolutePath());
                                              //试卷设置题库来源
    }
    catch(IOException exp){
      JOptionPane.showMessageDialog
    (null,"没有预备题库 Excel","消息对话框",JOptionPane.WARNING_MESSAGE);
       b = false;
    }
    try {
      wb=Workbook.getWorkbook(in);
      in.close();
    }
    catch(Exception exp){
      b = false;
    }
    return b;
}
private void randomGiveProblem(int amount) {
                                              //随机给出 amount 道试题放入 problem 数组中
    list.clear();
    if(wb==null) {
     JOptionPane.showMessageDialog
    (null,"没有预备题库 Excel","消息对话框",JOptionPane.WARNING_MESSAGE);
      return ;
    }
    sheet = wb.getSheet(0);        //得到 Excel 中的第一个 sheet（索引从 0 开始）
    int rowsAmount = sheet.getRows();    //得到 sheet 的总行数
    //注意原始 Excel 表中 sheet 中的第 0 行不是试题，是用户输入的说明
    int realAmount = Math.min(amount,rowsAmount-1);//实际抽取的试题数量
    problem = new Problem[realAmount];   //用于存放试题的数组 problem
    for(int i=0;i<rowsAmount-1;i++){      //将 1～rowsAmount-1 放入链表
      list.add(i+1);
    }
    Random random=new Random();
    for(int i=0;i<problem.length;i++) {
       int m = random.nextInt(list.size());//[0,list.size())中的一个随机数
       int index =list.remove(m);//删除 list 的第 m 个节点，同时得到节点数字
       Cell [] cell = sheet.getRow(index); //返回 sheet 中的第 index 行
       //注意原始 Excel 表中 sheet 中的第 0 行不是试题，是用户输入的说明
       //cell 的第 0 列是试题内容，索引从 0 开始
       problem[i] = new Problem();
```

```
        int number = i+1;
        problem[i].setContent("第"+number+"题."+cell[0].getContents());
       //试题的内容
        problem[i].setCorrectAnswer(cell[1].getContents().trim());//试题的答案
        problem[i].setGiveChoiceA(cell[2].getContents().trim());//试题的A选择
        problem[i].setGiveChoiceB(cell[3].getContents().trim());//试题的B选择
        problem[i].setGiveChoiceC(cell[4].getContents().trim());//试题的C选择
        problem[i].setGiveChoiceD(cell[5].getContents().trim());//试题的D答案
        String typeStr = cell[6].getContents().trim();//试题的类型（判断或选择）
        //因为试题有图像，所以typeStr有4种，即p、p#、x、x#
        if(typeStr.equalsIgnoreCase("p")){
              problem[i].setIsJudge(true);
              problem[i].setIsChoice(false);
              problem[i].setImageName("havenot.jpg");
        }
        if(typeStr.equalsIgnoreCase("x")) {
              problem[i].setIsJudge(false);
              problem[i].setIsChoice(true);
              problem[i].setImageName("havenot.jpg");
        }
        if(typeStr.startsWith("p#")||typeStr.startsWith("P#")) {
              problem[i].setIsJudge(true);
              problem[i].setIsChoice(false);
              String imageName=typeStr.substring(typeStr.indexOf("#")+1);
              problem[i].setImageName(imageName);
        }
        if(typeStr.startsWith("x#")||typeStr.startsWith("X#")) {
             problem[i].setIsJudge(false);
             problem[i].setIsChoice(true);
             String imageName = typeStr.substring(typeStr.indexOf("#")+1);
             problem[i].setImageName(imageName);
        }
    }
  }
}
```

5.3　简单测试

按照源文件中的包语句将相关的Java源文件保存到以下目录中：

```
D:\ch5\data
```

编译各个源文件，例如：

```
D:\>javac ch5/data/Problem.java
```

也可以如下编译全部源文件：

```
D:\>javac ch5/data/*.java
```

将“题库”的文件夹（存放 Excel 工作簿），以及“图像管理”文件夹存放在包名目录的父目录中（这里需要保存在 D:\中）。

把 5.2 节给出的类看作一个小框架，下面用框架中的类编写一个简单的应用程序，测试标准化试题训练，即在命令行表述对象的行为过程，如果表述成功（如果表述困难，说明数据模型不是很合理），那么就为以后的 GUI 程序设计提供了很好的对象功能测试，在后续的 GUI 设计中，重要的工作仅仅是为某些对象提供视图界面，并处理相应的界面事件而已。

将 AppTest.java 源文件按照包名保存到以下目录中：

```
D:\ch5\test
```

编译源文件：

```
D:\>javac ch5/test/AppTest.java
```

运行 AppTest 类（运行效果如图 5.5 所示）：

```
D:\>java ch5.test.AppTest
```

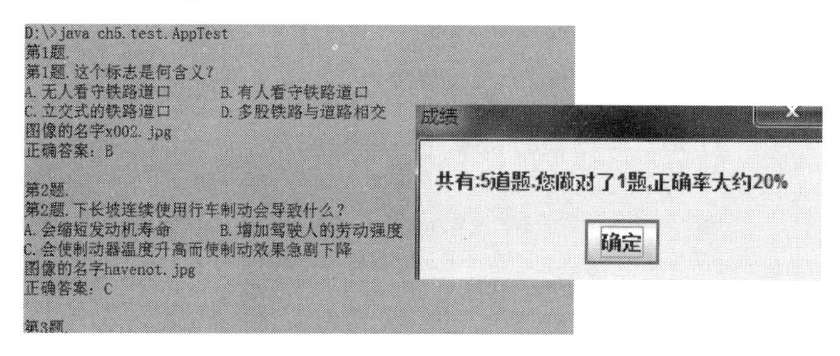

图 5.5　简单测试

AppTest.java

```
package ch5.test;
import ch5.data.*;
public class AppTest {
   public static void main(String []args) {
      GiveTestPaper initTestPaper = new RamdomInitTestPaper();//创建初始试卷对象
      TestPaper testPaper=
      initTestPaper.getTestPaper("题库/交通理论.xls",5); //得到有 5 个题目的试卷
      Problem [] problem = testPaper.getAllProblem();  //得到试卷中的全部试题
      for(int i = 0;i<problem.length;i++ ) {
         int m = i+1;
         System.out.println("第"+m+"题.");
         System.out.println(problem[i].getContent());
         if(problem[i].getIsJudge()){
            inputOne(problem[i]);
         }
         else if(problem[i].getIsChoice()){
```

```
                inputTwo(problem[i]);
            }
            System.out.println();
        }
         //模拟用户答题
        problem[0].setUserAnswer("B");                  //模拟用户给的答案是 B
        problem[1].setUserAnswer("A");
        problem[2].setUserAnswer("C");
        problem[3].setUserAnswer("A");
        problem[0].setUserAnswer("B");
        problem[1].setUserAnswer("D");
        testPaper.acceptTeacher(new TeacherOne());      //让老师批卷
    }
    static void inputOne(Problem  problem){
        System.out.printf("%s\t%s\n",problem.getGiveChoiceA(),problem.getGiveChoiceB());
        System.out.println("图像的名字"+problem.getImageName());
        System.out.println("正确答案: "+problem.getCorrectAnswer());
    }
    static void inputTwo(Problem problem){
        System.out.printf("%s\t%s\n",problem.getGiveChoiceA(),problem.getGiveChoiceB());
        System.out.printf("%s\t%s\n",problem.getGiveChoiceC(),problem.getGiveChoiceD());
        System.out.println("图像的名字"+problem.getImageName());
        System.out.println("正确答案: "+problem.getCorrectAnswer());
    }
}
```

5.4　视图设计

设计 GUI 程序除了使用 5.2 节给出的类以外，需要使用 javax.swing 包提供的视图（也称 Java Swing 框架）以及处理视图上触发的界面事件。与 5.3 节中简单的测试相比，GUI 程序可以提供更好的用户界面，完成 5.1 节提出的设计要求。

GUI 部分设计的类如下（主要类的 UML 图如图 5.6 所示）。

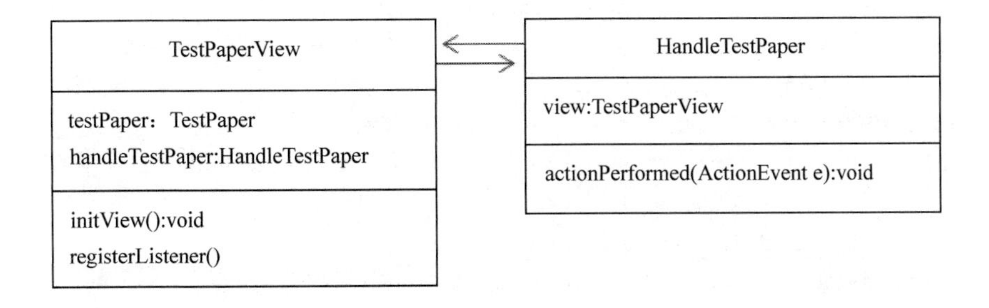

图 5.6　主要类的 UML 图

- TestPaperView 类：其实例为试卷提供视图。
- ImageJPanel 类：其实例为试题的图像提供面板视图。

- ShowImageDialog 类：其实例为试题的图像提供对话框视图。
- IntegrationView 类：其实例将其他视图集成为一个视图。
- HandleTestPaper 类：其实例负责处理 TestPaperView 视图上的界面事件。

❶ 视图相关类

1）TestPaperView

TestPaperView 类是 JPanel 类的子类，其实例提供了试卷的视图，用户可以在该视图看见试卷的内容并进行答题操作（如图 5.7 所示）。该视图使用 javax.swing.Timer 类，根据试卷的时间要求进行计时。

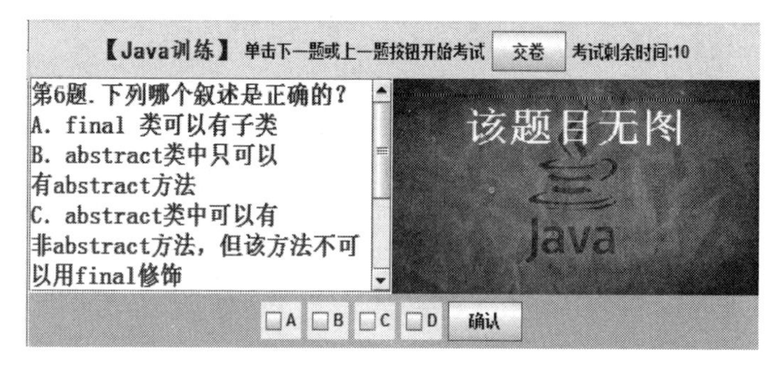

图 5.7　试卷视图

TestPaperView.java

```
package ch5.view;
import javax.swing.*;
import java.awt.*;
import java.awt.event.*;
import ch5.data.*;
public class TestPaperView extends JPanel implements ActionListener{
   TestPaper testPaper;                       //本视图需要显示的试卷
   public Teacher teacher ;                   //批卷老师
   public JTextArea showContent;              //显示试题内容
   public ImageJPanel showImage;              //显示试题的图像
   public JCheckBox choiceA,choiceB,choiceC,choiceD;//显示选项内容
   public JButton nextProblem,previousProblem;//选择“上一题目”“下一题目”的按钮
   public JButton aProblemSubmit;             //确认某道题的回答或选择
   public JButton renewJButton;               //重新开始
   public JButton submit;                     //交卷
   HandleTestPaper handleTestPaper;           //负责处理 testPaper 试卷中的数据
   public int totalTime = 0;                  //考试用时（单位：分）
   public int usedTime = totalTime;
   public javax.swing.Timer time;             //考试计时器
   public JLabel showUsedTime ;               //显示用时
   JLabel testName ;                          //显示考试名称
   public TestPaperView() {
      time = new Timer(60*1000,this);         //每隔 1 分钟计时一次(触发 ActionEvent),
                                                本容器作为其监视器
```

```
    initView();
    registerListener();
  }
  public void setTeacher(Teacher teacher){
    this.teacher = teacher;
  }
  public void initView() {
    setLayout(new BorderLayout());
    showImage = new ImageJPanel();
    showContent = new JTextArea(12,12);
    showContent.setToolTipText("如果题中有图像，在图上单击鼠标可调整观看");
    showContent.setForeground(Color.blue);
    showContent.setWrapStyleWord(true);
    showContent.setLineWrap(true); //回行自动
    showContent.setFont(new Font("宋体",Font.BOLD,18));
    choiceA = new JCheckBox("A");
    choiceB = new JCheckBox("B");
    choiceC = new JCheckBox("C");
    choiceD = new JCheckBox("D");
    choiceA.setVisible(false);
    choiceB.setVisible(false);
    choiceC.setVisible(false);
    choiceD.setVisible(false);
    nextProblem = new JButton("下一题目");
    previousProblem = new JButton("上一题目");
    aProblemSubmit = new JButton("确认");
    aProblemSubmit.setVisible(false);
    renewJButton = new JButton("再来一次");
    renewJButton.setVisible(false);
    submit = new JButton("交卷");
    JPanel pNorth = new JPanel();
    pNorth.setBackground(Color.cyan) ;
    showUsedTime = new JLabel();
    testName = new JLabel();
    testName.setFont(new Font("楷体",Font.BOLD,18));
    pNorth.add(testName);
    pNorth.add(new JLabel("单击下一题或上一题按钮开始考试"));
    pNorth.add(submit);
    pNorth.add(renewJButton);
    pNorth.add(showUsedTime);
    add(pNorth,BorderLayout.NORTH);
    JPanel pCenter = new JPanel();
    pCenter.setLayout(new GridLayout(1,2));
    pCenter.add(new JScrollPane(showContent));
    pCenter.add(showImage);
    add(pCenter,BorderLayout.CENTER);
```

```
      JPanel pSouth = new JPanel();
      pSouth.setLayout(new GridLayout(2,1));
      JPanel oneInPSouth = new JPanel();
      JPanel twoInPSouth = new JPanel();
      oneInPSouth.setBackground(Color.green) ;
      oneInPSouth.setBackground(Color.pink) ;
      oneInPSouth.add(choiceA);
      oneInPSouth.add(choiceB);
      oneInPSouth.add(choiceC);
      oneInPSouth.add(choiceD);
      oneInPSouth.add(aProblemSubmit);
      twoInPSouth.add(nextProblem);
      twoInPSouth.add(previousProblem);
      pSouth.add(oneInPSouth);
      pSouth.add(twoInPSouth);
      add(pSouth,BorderLayout.SOUTH);
      validate();
   }
   public void registerListener(){
      handleTestPaper = new HandleTestPaper();
      nextProblem.addActionListener(handleTestPaper);
      previousProblem.addActionListener(handleTestPaper);
      aProblemSubmit.addActionListener(handleTestPaper);
      submit.addActionListener(handleTestPaper);
      renewJButton.addActionListener(handleTestPaper);
      handleTestPaper.setView(this);
   }
   public void setTestPaper(TestPaper testPaper) {
      this.testPaper = testPaper;
      handleTestPaper.setTestPaper(testPaper);
   }
   public void actionPerformed(ActionEvent e){
      showUsedTime.setText("考试剩余时间:"+usedTime);
      if(usedTime == 0){
         time.stop();
         showUsedTime.setText("请交卷");
         nextProblem.setVisible(false);
         previousProblem.setVisible(false);
      }
      usedTime--;
   }
   public void setTestName(String name){
      testName.setText("【"+name+"】");
   }
   public void setTotalTime(int n) {
      totalTime = n;
```

```
            usedTime = n;
            showUsedTime.setText("考试剩余时间:"+usedTime);
        }
    }
```

2）ImageJPanel

ImageJPanel 类是 JPanel 类的子类，其实例显示试题中的图像，用户可以在该视图中看见图像（如图 5.8 所示），如果需要，用户可以单击图像，弹出一个可以仔细观察图像的对话框。

图 5.8　显示图像的面板

ImageJPanel.java

```
package ch5.view;
import javax.swing.*;
import java.awt.*;
import java.awt.event.*;
public class ImageJPanel extends JPanel implements MouseListener {
   Image image;
   ImageJPanel() {
      setOpaque(false);
      setBorder(null);
      setToolTipText("单击图像单独调整观看");
      addMouseListener(this);
   }
   public void setImage(Image img){
      image = img;
   }
   public void paintComponent(Graphics g ) {
      super.paintComponent(g);
      g.drawImage(image,0,0,getBounds().width,getBounds().height,this);
   }
   public void mousePressed(MouseEvent e) {
      ShowImageDialog showImageDialog = new ShowImageDialog(image);
      showImageDialog.setVisible(true);
   }
   public void mouseReleased(MouseEvent e){}
```

```
    public void mouseEntered(MouseEvent e)  {}
    public void mouseExited(MouseEvent e){}
    public void mouseClicked(MouseEvent e) {}
}
```

3）ShowImageDialog

ShowImageDialog 类是 JDialog 类的子类，其实例用对话框视图显示试题中的图像，以方便用户仔细地观察图像（如图 5.9 所示）。

图 5.9　显示图像对话框

ShowImageDialog.java

```
package ch5.view;
import java.awt.*;
import javax.swing.*;
public class ShowImageDialog extends JDialog {
    Image img;
    ShowImageDialog(Image img) { //构造方法
      setTitle("显示图像对话框");
      this.img = img;
      setSize(500,470);
      GiveImage image = new GiveImage();
      add(image);
      setModal(true);
      setDefaultCloseOperation(JFrame.DISPOSE_ON_CLOSE);
    }
    class GiveImage extends JPanel  {  //内部类，专门为该对话框提供图片
      public void paintComponent(Graphics g ) {
        super.paintComponent(g);
        g.drawImage(img,0,0,getBounds().width,getBounds().height,this);
      }
    }
}
```

4）IntegrationView

IntegrationView 类是 JFrame 类的子类，其实例使用 JTabbedPane 将各个视图集成到当前

IntegrationView 窗体中（如图 5.10 所示）。

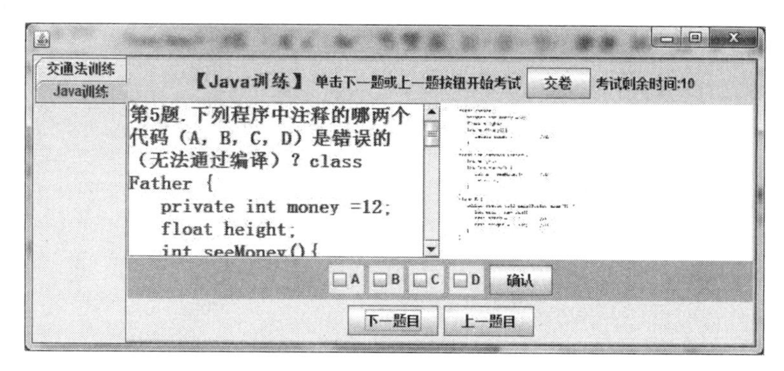

图 5.10　集成视图的窗体

IntegrationView.java

```
package ch5.view;
import java.awt.BorderLayout;
import javax.swing.JFrame;
import javax.swing.JTabbedPane;
public class IntegrationView extends JFrame{
   JTabbedPane tabbedPane; //用选项卡集成 TestPaperView 视图
   public IntegrationView(){
      tabbedPane= new JTabbedPane(JTabbedPane.LEFT);//卡在左侧
      tabbedPane.validate();
      add(tabbedPane,BorderLayout.CENTER);
      setBounds(100,100,1200,560);
      setDefaultCloseOperation(JFrame.DISPOSE_ON_CLOSE);
      setVisible(true);
   }
   public void addTestPaperView(String cardName,TestPaperView view){
     tabbedPane.add(cardName,view);
     validate();
   }
}
```

❷ 事件监视器

事件监视器负责处理视图上触发的用户界面事件，以便完成相应的任务。

HandleTestPaper 类的实例负责监视 TestPaperView 视图上的事件，比如负责停止计时器、负责处理用户提交的答案、负责让老师批卷等。

HandleTestPaper 类实现了 ActionListener 接口，其实例负责处理用户单击按钮触发的 ActionEvent 事件。当用户单击下一题或上一题按钮时让视图显示相应的试题，当用户单击确认某题目答案的按钮时，将用户的答案保存到相应的 Problem 对象中，当用户单击“交卷”按钮时，让 Teacher 对象阅卷。

HandleTestPaper.java

```
package ch5.view;
```

```
import javax.swing.*;
import java.awt.*;
import java.awt.event.*;
import ch5.data.*;
public class  HandleTestPaper implements ActionListener{
   TestPaperView  view;
   TestPaper   testPaper;         //需要处理的试卷
   Problem problem;               //当前的题目
   Toolkit tool;                  //处理图像
   public HandleTestPaper(){
      tool = Toolkit.getDefaultToolkit();
   }
   public void setView(TestPaperView view) {
     this.view = view;
   }
   public void setTestPaper(TestPaper testPaper) {
     this.testPaper = testPaper;
   }
   public void actionPerformed(ActionEvent e) {
     if(e.getSource()==view.nextProblem){
       view.time.start(); //开始计时
       if(testPaper!=null){
        problem = testPaper.nextProblem();
        handleProblem(problem);
       }
       else {
         JOptionPane.showMessageDialog
          (view,"没有试题","消息对话框",JOptionPane.WARNING_MESSAGE);
       }
     }
     if(e.getSource()==view.previousProblem){
       view.time.start(); //开始计时
       if(testPaper!=null){
        problem = testPaper.previousProblem();
        handleProblem(problem);
       }
       else {
        JOptionPane.showMessageDialog
          (view,"没有试题","消息对话框",JOptionPane.WARNING_MESSAGE);
       }

     }
     if(e.getSource()==view.aProblemSubmit){  //确认一道题目的答案
       String answer ="";
       if(view.choiceA.isSelected()){
          answer = answer+"A";
```

```
        }
        if(view.choiceB.isSelected()){
          answer = answer+"B";
        }
        if(view.choiceC.isSelected()){
          answer = answer+"C";
        }
        if(view.choiceD.isSelected()){
          answer = answer+"D";
        }
        if(problem==null) {
            JOptionPane.showMessageDialog
            (view,"没有试题","消息对话框",JOptionPane.WARNING_MESSAGE);
          return;
        }
        view.choiceA.setVisible(false);
        view.choiceB.setVisible(false);
        view.choiceC.setVisible(false);
        view.choiceD.setVisible(false);
        view.aProblemSubmit.setVisible(false);
        problem.setUserAnswer(answer);
    }
    if(e.getSource()==view.submit){
         testPaper.acceptTeacher(view.teacher); //试卷让老师批阅
         view.renewJButton.setVisible(true);
         view.submit.setVisible(false);
         view.time.stop();
         view.showUsedTime.setText("交卷了");
    }
    if(e.getSource()==view.renewJButton) {      //再来一套题目
         view.showUsedTime.setText("");
         view.usedTime = view.totalTime;
         view.showUsedTime.setText("考试剩余时间:"+view.totalTime);
         view.showContent.setText(null);
         Image img = tool.getImage("图像管理/renew.jpg");
         handleImage(img);
         view.showImage.repaint();
         view.nextProblem.setVisible(true);
         view.previousProblem.setVisible(true);
         String problemSource= testPaper.getProblemSource(); //得到原始题库
         GiveTestPaper initTestPaper = new RamdomInitTestPaper();
         testPaper=initTestPaper.getTestPaper(problemSource,testPaper.
        getProlemAmount());
         view.renewJButton.setVisible(false);
         view.submit.setVisible(true);
    }
```

```
    view.choiceA.setSelected(false);
    view.choiceB.setSelected(false);
    view.choiceC.setSelected(false);
    view.choiceD.setSelected(false);
}
private void handleProblem(Problem problem) {
      if(problem==null) {
         JOptionPane.showMessageDialog
         (view,"没有试题","消息对话框",JOptionPane.WARNING_MESSAGE);
      }
      else {
         view.aProblemSubmit.setVisible(true);
         view.showContent.setText(problem.getContent());
         view.showContent.setVisible(true);
         if(problem.getIsChoice()) {
             handelChoice();
         }
         else if(problem.getIsJudge()) {
             handelJudge();
         }
         String imageName = problem.getImageName();
          //用户必须把图像存放到"图像管理"文件夹
         Image img = tool.getImage("图像管理/"+imageName);
         handleImage(img);
      }
}
private void handelJudge() {
      view.choiceA.setText(problem.getGiveChoiceA());
      view.choiceB.setText(problem.getGiveChoiceB());
      view.choiceA.setVisible(true);
      view.choiceB.setVisible(true);
      view.choiceC.setVisible(false);
      view.choiceD.setVisible(false);
}
private void handelChoice() {
      view.choiceA.setText(problem.getGiveChoiceA());
      view.choiceB.setText(problem.getGiveChoiceB());
      view.choiceC.setText(problem.getGiveChoiceC());
      view.choiceD.setText(problem.getGiveChoiceD());
      view.choiceA.setVisible(true);
      view.choiceB.setVisible(true);
      view.choiceC.setVisible(true);
      view.choiceD.setVisible(true);
}
private void handleImage(Image image) {
      view.showImage.setImage(image);
```

```
            view.showImage.repaint();

        }
    }
```

5.5　GUI 程序

按照源文件中的包语句将 5.4 节中相关的源文件保存到以下目录中：

```
D:\ch5\view\
```

编译各个源文件，例如：

```
D:\>javac ch5/view/IntegrationView.java
```

也可以如下编译全部源文件：

```
D:\>javac ch5/view/*.java
```

根据代码的结构需要把“题库”的文件夹（存放 Excel 工作簿）以及“图像管理”文件夹（存放所需要的图像文件）存放在 D:\下，即保持和 ch5 是同级。

把 5.2 节和 5.4 节给出的类看作一个小框架，下面用框架中的类编写 GUI 应用程序，完成 5.1 节给出的设计要求。

将 AppWindow.java 源文件按照包名保存到以下目录中：

```
D:\ch5/gui
```

编译源文件：

```
D:\>javac ch5/gui/AppWindow.java
```

运行 AppWindow 类（运行效果如本章开始给出的图 5.1）：

```
D:\>java ch5.gui.AppWindow
```

AppWindow.java

```
package ch5.gui;
import ch5.data.GiveTestPaper;
import ch5.data.RamdomInitTestPaper;
import ch5.data.TestPaper;
import ch5.data.TeacherOne;
import ch5.view.TestPaperView;
import ch5.view.IntegrationView;
public class AppWindow {
   public static void main(String []args) {
      String testName="";
      IntegrationView integrationView = new IntegrationView();
      GiveTestPaper initTestPaper = new RamdomInitTestPaper();
```

```
                                                         //创建初始试卷对象
        TestPaper testPaper=
        initTestPaper.getTestPaper("题库/交通理论.xls",5); //得到有5个题目的试卷
        TestPaperView testView = new TestPaperView();
        testView.setTestPaper(testPaper);                  //设置试卷
        testView.setTeacher(new TeacherOne());             //设置阅卷老师
        testName = "交通法训练";
        testView.setTestName(testName);
        testView.setTotalTime(15);                         //考试时间15分钟
        integrationView.addTestPaperView(testName,testView);
        initTestPaper = new RamdomInitTestPaper();         //创建初始试卷对象
        testPaper= initTestPaper.getTestPaper("题库/java基础.xls",6);
        testView = new TestPaperView();
        testView.setTestPaper(testPaper);
        testView.setTeacher(new TeacherOne());
        testName = "Java 训练";
        testView.setTestName(testName);
        testView.setTotalTime(10);
        integrationView.addTestPaperView(testName,testView);
    }
}
```

5.6 程序发布

用户可以使用 jar.exe 命令制作 JAR 文件来发布软件。

❶ 清单文件

编写以下清单文件（用记事本保存时需要将保存类型选择为“所有文件(*.*)”）：

ch5.mf

```
Manifest-Version: 1.0
Main-Class: ch5.gui.AppWindow
Created-By: 1.8
```

将 ch5.mf 保存到 D\:，即保存在包名所代表的目录的上一层目录中。

> **注意** 清单中的 Manifest-Version 和 1.0 之间、Main-Class 和主类 ch5.gui.AppWindow 之间以及 Created-By 和 1.8 之间必须有且只有一个空格。

❷ 用批处理文件发布程序

使用 jar 命令创建.jar 文件：

```
D:\>jar cfm TestTrain.jar ch5.mf ch5/data/*.class ch5/view/*.class
ch5/gui/*.class
```

其中，参数 c 表示要生成一个新的 JAR 文件，f 表示要生成的 JAR 文件的名字，m 表示

清单文件的名字。如果没有任何错误提示，在 D:\下将产生一个名字是 TestTrain.jar 的文件。

编写以下 train.bat，用记事本保存该文件时需要将保存类型选择为“所有文件(*.*)”。

train.bat

```
path.\jre\bin
pause
javaw -jar TestTrian.jar
```

将该文件保存到自己命名的某个文件夹中，例如名字是 2000 的文件夹中。然后将 TestTrain.jar、“题库”和“图像管理”文件夹以及 JRE（并保证 jxl.jar 文件：操作 Excel 所需要的 API 的 JAR 文件也在“JRE\lib\ext”中）复制到 2000 文件夹中。在 2000 文件夹中再保存一个软件运行说明书，提示双击 train.bat 即可运行程序。

可以将 2000 文件夹作为软件发布，也可以用压缩工具将 2000 文件夹下的所有文件压缩成.zip 或.jar 文件发布。用户解压后双击 train.bat 即可运行程序。

如果客户计算机上肯定有 JRE，可以不把 JRE 复制到 2000 文件夹中，同时去除.bat 文件中的“path.\jre\bin”内容，并提示用户将操作 Excel 所需要的 API 复制到 JRE 的扩展中。

mineClearance.bat

```
echo 将操作 Excel 所需要的 API 复制到 JRE 的扩展中
pause
javaw -jar MineClearance.jar
```

5.7 课设题目

❶ 标准化试题训练系统

在学习本章代码的基础上可以为程序增加任何合理的并有能力完成的功能，但至少要增加下列①～④（⑤可独立进行）所要求的功能。

① 编写几个实现 Teacher 接口的类，使得 AppWindow 可以使用这些类的实例评判试卷。

② 编写几个实现 GiveTestPaper 接口的类，使得 AppWindow 可以使用这些类的实例得到试卷（比如按顺序从题库中获得若干试题，或抽取题库中题号能被 3 除尽的试题等）。

③ 当考试剩余时间不多时（比如剩余时间少于全部用时的 5%）将弹出一个警示对话框警示用户。

④ 增加用户查看试题正确答案的功能。当用户回答某试题答案后可以看见一个按钮，单击该按钮可以查看该试题的正确答案，然后该按钮又变得不可见。

⑤ 将题库更改为某种数据库，同时增加①～④所要求的功能。

❷ 自定义题目

通过老师指导或自己查找资料自创一个题目。

第 6 章　走迷宫

6.1　设计要求

设计 GUI 界面的走迷宫，游戏结果是让走迷宫者从迷宫入口走到迷宫出口。具体要求如下：

① 程序可以给出随机生成的迷宫，也可以给出一个固定的迷宫。

② 用户用鼠标单击走迷宫者，然后按方向键让走迷宫者在迷宫的路上走动。当走迷宫者开始走动后程序启动计时器。

③ 在迷宫的某些路点可以设置一个数字（模拟收费），走迷宫者路过有数字的路点（包括重复路过）将把数字累加到自己的某个变量中，即这个变量的值代表走迷宫者最后需要缴纳的路费。

④ 当走迷宫者到达出口时，用户必须输入走迷宫者需要缴纳的路费才能使得走迷宫者离开出口，然后程序停止计时。

⑤ 对于随机迷宫，用户单击按钮，程序将再随机给出一个迷宫。

⑥ 对于固定的迷宫，用户单击按钮，允许用户再走一次当前迷宫。

程序运行的参考效果图如图 6.1 所示。

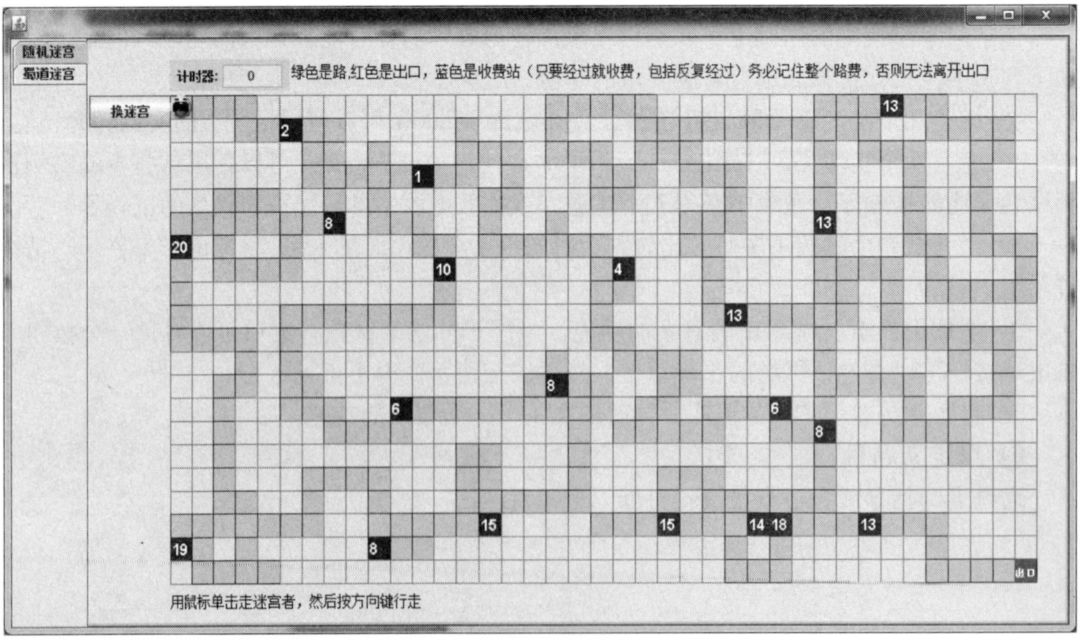

图 6.1　走迷宫

> **注意**　我们按照 MVC-Model View Control（模型，视图，控制器）的设计思想展开程序的设计和代码的编写。数据模型部分相当于 MVC 中的 Model 角色，视图设计部分给出的界面部分相当于 MVC 中的 View，视图设计部分给出的事件监视器相当于 MVC 中的 Control。

6.2　数据模型

根据系统设计要求在数据模型部分编写了以下类。

- CreateDatabaseAndTable 类：负责创建数据库和表。
- Point 类：封装了迷宫中点的属性和行为，比如一个点是否为路、是否为收费点等。
- MazeMaker 接口：封装得到迷宫的方法。
- MazeByRandom 类：负责给出随机迷宫。
- MazeByFile 类：负责给出一个固定的迷宫。
- SetRoad 类：负责设置哪些点是路。
- SetChargeOnRoad 抽象类：封装设置收费点的方法。
- ChargeOnRoad 类：SetChargeOnRoad 类的子类，负责给出具体的收费点。

数据模型部分涉及的类的 UML 图如图 6.2 所示。

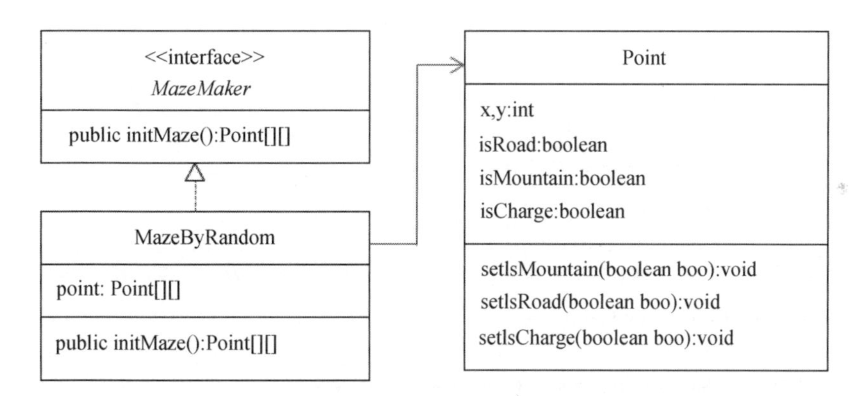

图 6.2　主要类的 UML 图

❶ 迷宫中的点

Point 类的实例是迷宫中最主要的成员，一个 Point 类的实例简称一个点。一个点可以是路或不是路，也可以是收费的路。走迷宫者必须在路上走动。

Point.java

```
package ch6.data;
public class Point{
    int x,y;              //点的位置坐标
    int number;           //编号
    boolean isRoad;       //是否为路
    boolean isEnter;      //是否为入口点
    boolean isOut;        //是否为出口点
```

```
boolean haveFlag;    //是否被标记有旗
boolean isMountain; //是否为山
boolean isCharge;    //是否收费
int chargeMoney;     //收取的费用
public void setX(int x){
   this.x=x;
}
public void setY(int y){
   this.y=y;
}
public int getX(){
   return x;
}
public int getY(){
   return y;
}
public boolean isEnter(){
   return isEnter;
}
public void setIsOut(boolean boo){
   isOut = boo;
}
public boolean isOut(){
   return isOut;
}
public void setIsEnter(boolean boo){
   isEnter = boo;
}
public boolean isMountain(){
   return isMountain;
}
public void setIsMountain(boolean boo){
   isMountain = boo;
}
public boolean isRoad(){
   return isRoad;
}
public void setIsRoad(boolean boo){
   isRoad = boo;
}
public void setHaveFlag(boolean boo){
   haveFlag = boo;
}
public boolean getHaveFlag(){
   return haveFlag;
}
```

```
    public void setNumber(int n){
        number = n;
    }
    public int getNumber(){
        return number;
    }
    public void setIsCharge(boolean boo){
        isCharge = boo;
    }
    public boolean getIsCharge(){
        return isCharge;
    }
    public void setChargeMoney(int m){
        chargeMoney = m;
    }
    public int getChargeMoney(){
        return chargeMoney;
    }
    public boolean equals(Point p){
        if(p.getX()==this.getX()&&p.getY()==this.getY())
           return true;
        else
           return false;
    }
    public int distanceTo(Point p){
         return Math.abs(this.getX()-p.getX())+Math.abs(this.getY()-p.getY());
    }
}
```

❷ 得到迷宫

1）MazeMaker 接口

一个迷宫就是一个二维 Point 数组。为了便于系统的扩展，将得到迷宫的方法封装在 MazeMaker 接口中。

MazeMaker.java

```
package ch6.data;
public interface  {
   public abstract Point[][] initMaze();
}
```

2）SetRoad 类

SetRoad 类的实例负责设置迷宫中两个点之间的路。

SetRoad.java

```
package ch6.data;
public class SetRoad {                          //设置两点之间的路
   static void setRoad(Point p1,Point p2,Point [][] p){
```

```
        int row = p.length;
        int column = p[0].length;
        int m1=0,n1=0,m2=0,n2=0;
        for(int i=0;i<row;i++) {                //得到 p1 点的位置索引“m1,n1”
           for(int j=0;j<column;j++){
             if(p1 == p[i][j]) {
                m1 = i ;
                n1 = j;
             }
           }
        }
        for(int i=0;i<row;i++) {                //得到 p2 点的位置索引“m2,n2”
           for(int j=0;j<column;j++){
             if(p2 == p[i][j]){
                m2 = i ;
                n2 = j;
             }
           }
        }
       if(m1 >= m2) {
            for(int i = m1;i >= m2;i--)         //从 p1 出发向上设置路
                p[i][n1].setIsRoad(true);
            if(n1<=n2){
                for(int j = n1;j <= n2;j++)     //再向右设置路
                   p[m2][j].setIsRoad(true);
            }
            else {
                for(int j = n1;j >= n2;j--)     //再向左设置路
                   p[m2][j].setIsRoad(true);
            }
        }
        else if(m1 < m2) {
            for(int i = m1;i <= m2;i++)         //从 p1 出发向下设置路
               p[i][n1].setIsRoad(true);
            if(n1<=n2){
                for(int j = n1;j <= n2;j++)     //再向右设置路
                   p[m2][j].setIsRoad(true);
            }
            else {
                for(int j = n1;j >= n2;j--)     //再向左设置路
                   p[m2][j].setIsRoad(true);
            }
        }
    }
}
```

3）MazeByRandom 类

MazeByRandom 类实现 MazeMaker 接口，其实例负责随机给出迷宫。

随机算法描述如下：

将迷宫中的某些点随机设置成高低不同的山（即迷宫中某些 Point 实例的 isMountain 属性是 true，number 属性值互不相同），将入口点设置成最矮的山、出口点设置成最高的山，然后想法找到最高的山。

将算法叙述如下：

pStart 设置成入口点，进行①。

① 找到距离 pStart 最近的没有插旗的所有山（Point 实例的 isFlag 属性是 false），然后在其中找到一座最高的山（Point 实例的 number 属性值最大）作为 pEnd 点，在 pStart 和 pEnd 之间设置出一条路，并将 pEnd 设置成插旗的山（将 pEnd 的 isFlag 属性设置成 true）。如果 pEnd 是出口点，进行③。

② 将 pStart 设置成 pEnd 回到①。

③ 结束。

MazeByRandom.java

```
package ch6.data;
import java.util.ArrayList;
import java.util.LinkedList;
import java.util.Collections;
import java.util.Random;
import java.util.Iterator;
public class MazeByRandom implements MazeMaker{
  public Point [][] point;              //point[i][j]是迷宫中的点
  int row,column;
  LinkedList<Point> isMountainPoint;
  public MazeByRandom(int row,int column){
    this.row = row;
    this.column = column;
    isMountainPoint = new LinkedList<Point>();
    point = new Point[row][column];
    for(int i=0;i<row;i++) {
      for(int j=0;j<column;j++){
        point[i][j] = new Point();    //创建迷宫中的点
        point[i][j].setX(j);
        point[i][j].setY(i);
      }
    }
  }
  public Point [][] initMaze() {
    initRoad();
    initNumber();
    point[0][0].setIsEnter(true);
    point[0][0].setIsRoad(true);
```

```
        point[0][0].setHaveFlag(true);
        point[0][0].setNumber(-1);                    //入口点上的数字最小（山最矮）
        point[0][0].setIsMountain(true);
        point[row-1][column-1].setIsOut(true);
        point[row-1][column-1].setNumber(row*column);//出口点上的数字最大（山最高）
        point[row-1][column-1].setIsMountain(true);
        isMountainPoint.add(point[0][0]);
        isMountainPoint.add(point[row-1][column-1]);
        randomSetMountain(row*column/5);             //将 row*column/5 个点设置为山
        Point pStart = point[0][0];
        while(pStart != point[row-1][column-1]){
           pStart = findMaxHeightMountain(pStart);
        }
        return point;
    }
    private void initRoad(){
        for(int i=0;i<row;i++) {
           for(int j=0;j<column;j++){
              point[i][j].setIsRoad(false);          //设置点都不是路
              point[i][j].setHaveFlag(false);        //设置点都没插旗
              point[i][j].setIsMountain(false);      //设置点都不是山

           }
        }
    }
    private void initNumber(){
         ArrayList<Integer> list = new ArrayList<Integer>();
         for(int i = 0;i<row*column;i++){
            list.add(i);
         }
         Collections.shuffle(list); //把 list 的节点洗牌
         Iterator<Integer> ite = list.iterator();
         int m = 0;
         for(int i=0;i<row;i++) {
           for(int j=0;j<column;j++){
              point[i][j].setNumber(ite.next());
                             //每个点上随机设置了一个在[0,row*column-1]中的数
           }
         }
    }
    private void randomSetMountain(int n){
        LinkedList<Point> list = new LinkedList<Point>();
        Random random = new Random();
         for(int i=0;i<row;i++) {
            for(int j=0;j<column;j++){
              if(point[i][j]!=point[0][0]&&point[i][j]!=point[row-1][column-1])
```

```
                list.add(point[i][j]);
            }
        }
        while(n>0){
          int index =random.nextInt(list.size());
                                          //随机得到一个[0,list.size())的数
          Point pointBySet =  list.remove(index);
                                          //从链表中删除一个节点，并得到该节点
          pointBySet.setIsMountain(true);
          isMountainPoint.add(pointBySet);
          n--;
        }
    }
    Point findMaxHeightMountain(Point p){
        Point targetPoint = null;

        int minDistance = Integer.MAX_VALUE;
        LinkedList<Point>  pointFind  = new LinkedList<Point>();
                                          //找到距离p最近的没插旗的山
        for(int i = 0;i<isMountainPoint.size();i++){  //首先计算最近距离
            Point pt = isMountainPoint.get(i);
            if(p !=pt && pt.getHaveFlag() == false){
                if(p.distanceTo(pt)<minDistance)
                   minDistance = p.distanceTo(pt);
            }
        }
        for(int i = 0;i<isMountainPoint.size();i++){  //再找最近距离的没插旗的山
            Point pt = isMountainPoint.get(i);
            if(p != pt && pt.getHaveFlag() == false){
                if(minDistance ==p.distanceTo(pt))  {
                    pointFind.add(pt);
                }
            }
        }
        //从pointFind找一个号码最大的Point，即找一座最高的山
        Point maxPoint =null;
        int maxHeight = pointFind.get(0).getNumber();
        for(int i=0;i<pointFind.size();i++){
           int mNumber = pointFind.get(i).getNumber();
           if(mNumber >= maxHeight){
              maxHeight = mNumber;
           }
        }
        for(int i=0;i<pointFind.size();i++){
           if(pointFind.get(i).getNumber() == maxHeight){
              maxPoint = pointFind.get(i);
```

```
            break;
          }
        }
        targetPoint = maxPoint;
        targetPoint.setHaveFlag(true);        //将该山插旗作标记
        SetRoad.setRoad(p,targetPoint,point); //设置从 p 到 targetPoint 的路
        return targetPoint;
  }
}
```

4）MazeByFile 类

MazeByFile 类实现 MazeMaker 接口，其实例负责使用一个文本文件给出一个迷宫。

对迷宫的文本文件的要求描述如下：

使用文本编辑器（如“记事本”）编辑迷宫文件，迷宫文件中任意两行中的字符个数相同，字符可以是“*”“#”“0”或“1”，除此之外，不允许含有其他的可见字符（字符之间不要有空格）。迷宫文件中的“*”和“#”分别代表迷宫的入口和出口，“0”和“1”分别代表迷宫中的“路”和“墙”。例如“蜀道迷宫.txt”的内容如下：

```
1111111111111111
1010100000100001
1000101011000110 1
1101000011111100 1
1101010000000100 1
1101010101110101 1
1001010111010101 1
*010010100000100 1
1000100001011000 1
1101101111001011 1
1000000000011000 1
11111111111111#11
```

软件代码要求迷宫文件必须保存到和应用程序包目录同级的“迷宫文件”文件夹中，例如包名目录是“ch6\gui”，而目录“ch6\gui”在 D:\下，那么“迷宫文件”文件夹必须保存到 D:\中。

MazeByFile.java

```
package ch6.data;
import java.io.*;
public class MazeByFile implements MazeMaker{
   public Point [][] point;      //point[i][j]是迷宫中的点
   int row,column;
   File mazeFile;                //迷宫文件
   public MazeByFile(File mazeFile){
      this.mazeFile = mazeFile;
   }
   public Point [][] initMaze() {
```

```
        RandomAccessFile in=null;
        String lineWord=null;
        try{  in=new RandomAccessFile(mazeFile,"r");    //创建指向迷宫文件的流
             long length=in.length();
             long position=0;
             in.seek(position);
             while(position<length){
                String str=in.readLine().trim();
                if(str.length()>=column)
                   column=str.length();
                position=in.getFilePointer();
                row++;
             }
             point=new Point[row][column];
             for(int i=0;i<row;i++) {
                for(int j=0;j<column;j++){
                  point[i][j] = new Point();             //创建迷宫中的点
                  point[i][j].setX(j);
                  point[i][j].setY(i);
                }
             }
             position=0;
             in.seek(position);
             for(int i=0;i<row;i++) {
                String str=in.readLine().trim();
                char [] a =str.toCharArray();
                for(int j=0;j<a.length;j++){
                  if(a[j] == '*'){
                    point[i][j].setIsEnter(true);
                    point[i][j].setIsRoad(true);
                  }
                  else if(a[j] == '1'){
                    point[i][j].setIsRoad(false);
                  }
                  else if(a[j] == '0'){
                    point[i][j].setIsRoad(true);
                  }
                  else if(a[j] == '#'){
                    point[i][j].setIsOut(true);
                    point[i][j].setIsRoad(true);
                  }
                }
             }
        }
        catch(IOException exp){}
        return point;
    }
}
```

❸ 设置收费

为了实现走迷宫，需要将迷宫中的某些路设置为收费，走迷宫者一旦经过这样的路就要缴费。走迷宫者达到出口后用户必须输入走迷宫者的缴费总和，以此达到考察用户算数能力的目的。

为了便于系统维护和扩展，将设置收费的方法封装在一个抽象类中，并给出了路点默认的最高收费金额是 20。

1）SetChargeOnRoad 类

SetChargeOnRoad.java

```
package ch6.data;
import ch6.data.Point;
public abstract class  SetChargeOnRoad {
   int MAXMoney = 20; //最高的收费金额
   //在路点设置 amount 个收费点
   public abstract Point [][] setChargeOnRoad(Point [][] point,int amount);
   public void setMAXMoney(int money){
      MAXMoney = money;
   }
}
```

2）ChargeOnRoad 类

ChargeOnRoad 类是 SetChargeOnRoad 类的子类，其实例负责设置收费的路点。

ChargeOnRoad.java

```
package ch6.data;
import ch6.data.Point;
import java.util.Random;
import java.util.ArrayList;
public class  ChargeOnRoad extends SetChargeOnRoad{      //设置 amount 个收费点
   public Point [][] setChargeOnRoad(Point [][] point,int amount){
      ArrayList<Point> list = new ArrayList<Point>();  //放置迷宫中的路
      Random random = new Random();
      for(int i=0;i<point.length;i++)  {
        for(int j=0;j<point[i].length;j++){
           if(point[i][j].isRoad()&&!point[i][j].isEnter()&&!point[i][j].
           isOut())
              list.add(point[i][j]);
              point[i][j].setIsCharge(false);
        }
      }
      amount = Math.min(list.size(),amount);
      while(amount>0){
         int index =random.nextInt(list.size());
                                          //随机得到一个[0,list.size())的数
         Point pointSetCharge = list.remove(index);
                                          //从链表中删除一个节点并得到该节点
         pointSetCharge.setIsCharge(true);
         int money = random.nextInt(MAXMoney)+1;  //[1,MAXMoney]的随机数
         pointSetCharge.setChargeMoney(money);
         amount--;
```

```
        }
        return point;
    }
}
```

6.3 简单测试

按照源文件中的包语句将相关的 Java 源文件保存到以下目录中：

```
D:\ch6\data
```

编译各个源文件，例如：

```
D:\>javac/ch6/data/Point.java
```

也可以如下编译全部源文件：

```
D:\>javac ch6/data/*.java
```

把 6.2 节给出的类看作一个小框架，下面用框架中的类编写一个简单的应用程序，测试迷宫的生成，即在命令行表述对象的行为过程，如果表述成功（如果表述困难，说明数据模型不是很合理），那么就为以后的 GUI 程序设计提供了很好的对象功能测试，在后续的 GUI 设计中，重要的工作仅仅是为某些对象提供视图界面，并处理相应的界面事件而已。

将 AppTest.java 源文件按照包名保存到以下目录中：

```
D:\ch6\test
```

编译源文件：

```
D:\>javac ch6/test/AppTest.java
```

```
E  W  W  W  1  5 18  R
R  R  R 12  R  W  W  R
R  W  W  W  W  W  W  R
R  W  W  W  W  W  W  O
```

图 6.3 简单测试

运行 AppTest 类（运行效果如图 6.3 所示，字母 R 表示路、W 表示墙、E 表示入口、O 表示出口，数字表示收费的路点收费金额）：

```
D:\>java ch6.test.AppTest
```

AppTest.java

```
package ch6.test;
import ch6.data.*;
public class AppTest {
   public static void main(String []args) {
      MazeMaker mazeMaker = new MazeByRandom(4,8);
      Point [][] point= mazeMaker.initMaze();
      SetChargeOnRoad police = new ChargeOnRoad();
      point = police.setChargeOnRoad(point,4);
      for(int i=0;i<point.length;i++) {
         for(int j=0;j<point[i].length;j++){
```

```
            if(point[i][j].isRoad()) {
               if(!point[i][j].getIsCharge())
                  if(point[i][j].isEnter()){
                    System.out.printf("%3s","E");
                  }
                  else if(point[i][j].isOut()){
                    System.out.printf("%3s","O");
                  }
                  else{
                      System.out.printf("%3s","R");
                  }
               else
                  System.out.printf("%3d",point[i][j].getChargeMoney());

            }
            else {
               System.out.printf("%3s","W");
            }
         }
         System.out.println();
      }
   }
}
```

6.4 视图设计

设计 GUI 程序除了使用 6.2 节给出的类以外，需要使用 javax.swing 包提供的视图（也称 Java Swing 框架）以及处理视图上触发的界面事件。与 6.3 节中简单的测试相比，GUI 程序可以提供更好的用户界面，完成 6.1 节提出的设计要求。

GUI 部分设计的类如下（主要类的 UML 图如图 6.4 所示）。

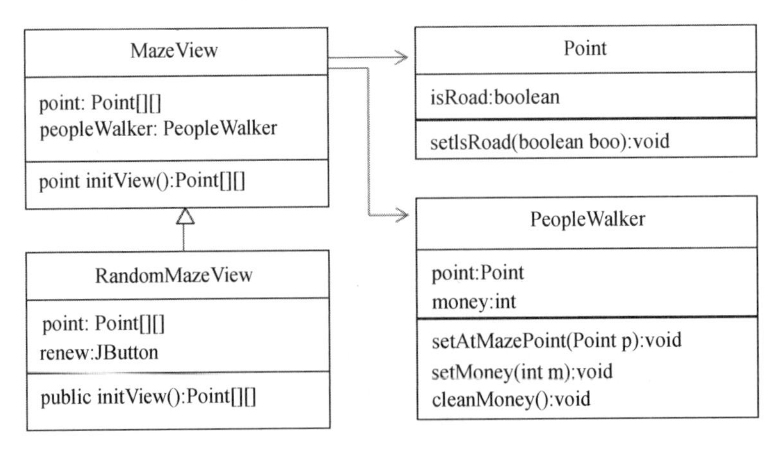

图 6.4　主要类的 UML 图

- PersonInMaze 类：其实例是迷宫中走动者的视图。

- MazeView 类：其实例为迷宫提供视图。
- RandomMazeView 类：MazeView 类的子类，其实例为随机迷宫提供视图。
- FixedMazeView 类：MazeView 类的子类，其实例为一个迷宫提供视图。
- HandleMove 类：其实例是一个监视器，该监视器负责 MazeView 视图上的界面事件。

❶ 视图相关类

1）PersonInMaze 类

PersonInMaze 类是 JTextField 类的子类，其实例通过绘制一幅图像（persion.gif）提供走迷宫者的外观显示（如图 6.5 所示），当用户单击走迷宫者视图然后按方向键时，可以让走迷宫者的视图在迷宫中走动。

图 6.5　PersonInMaze 类的实例

PersonInMaze.java

```
package ch6.view;
import javax.swing.*;
import ch6.data.Point;
import java.awt.*;
public class PersonInMaze extends JTextField{
   Point point;                    //所在的点
   Toolkit tool;
   int money;                      //被收取的全部钱
   PersonInMaze(){
      tool=getToolkit();
      setEditable(false);
      setBorder(null);
      setOpaque(false);
      setToolTipText("单击我，然后按键盘方向键");
      requestFocusInWindow();
   }
   public void setAtMazePoint(Point p){
      point = p;
   }
   public Point getAtMazePoint(){
      return point;
   }
   public void setMoney(int m){        //遇到收费站，累积 money
      money += m;
   }
   public void cleanMoney(){           //从出口离开，清零 money
      money = 0;
   }
   public int getMoney(){
      return money;
   }
   public void paintComponent(Graphics g){
      super.paintComponent(g);
```

```
        int w=getBounds().width;
        int h=getBounds().height;
        Image image=tool.getImage("迷宫文件/person.gif");
        g.drawImage(image,0,0,w,h,this);
    }
}
```

2）MazeView 类

MazeView 类是 javax.swing.JPanel 类的子类，MazeView 类的实例将 PersonInMaze 类的实例以及迷宫（Point[][]）作为自己的成员，提供了一般迷宫的外观显示，如图 6.6 所示。

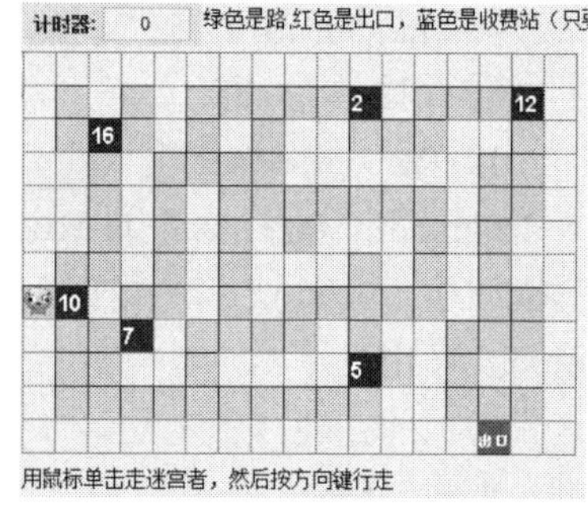

图 6.6　MazeView 视图

MazeView.java

```
package ch6.view;
import javax.swing.*;
import ch6.data.Point;
import java.awt.*;
import java.awt.geom.*;
public class MazeView extends JPanel {
    public Point [][] point;          //需要视图的迷宫
    Rectangle2D [][] block;           //迷宫中路或墙的视图
    int width = 22;                   //路或墙的宽度
    int height =22;
    int leftX = 80;                   //起点偏移坐标
    int leftY = 50;
    PersonInMaze peopleWalker;        //走迷宫者
    HandleMove  handleMove;           //负责处理行走
    public MazeView(Point[][] p){
       point = p;
       peopleWalker = new PersonInMaze();
       handleMove = new HandleMove();
       initPointXY();                 //依据视图重新设置点的坐标
       handleMove.setMazePoint(point);
       block = new Rectangle2D[point.length][point[0].length];
       setLayout(null);
       JPanel pNorth = new JPanel();
       add(handleMove);
       add(peopleWalker);
       handleMove.setSize(120,30);
       handleMove.setLocation(leftX,leftY/3);
       peopleWalker.setSize(width,height);
       peopleWalker.setAtMazePoint(getEnterPoint(point));
       peopleWalker.setLocation(getEnterPoint(point).getX(),getEnterPoint
       (point).getY());
       initView();
       registerListener();
```

```
}
public void initPointXY(){    //依据视图重新设置点的坐标
    for(int i=0;i<point.length;i++) {
      for(int j=0;j<point[i].length;j++){
        point[i][j].setX(j*width+leftX);
                                  //组件坐标系原点是左上角，向右是x-轴，向下是y-轴
        point[i][j].setY(i*height+leftY);
      }
    }
    peopleWalker.setAtMazePoint(getEnterPoint(point));
    peopleWalker.setLocation(getEnterPoint(point).getX(),getEnterPoint
    (point).getY());
    handleMove.setMazePoint(point);
}
public void initView() {
   for(int i = 0;i<point.length;i++){
       for(int j = 0;j<point[i].length;j++) {
         int x = point[i][j].getX();
         int y = point[i][j].getY();
         //所绘制矩形的左上角坐标是（x,y)
         block[i][j]=new Rectangle2D.Double(x,y,width,height);
       }
   }
   repaint();
   handleMove.showTime.setText("0");
   peopleWalker.requestFocusInWindow();
   validate();
}
public void registerListener(){
   peopleWalker.addKeyListener(handleMove);
   handleMove.setMazePoint(point);
}
public void paintComponent(Graphics g){
    super.paintComponent(g);
    Graphics2D g_2d = (Graphics2D)g;
    BasicStroke bs=
             new BasicStroke(1,BasicStroke.CAP_ROUND,BasicStroke.JOIN_
             MITER);
    for(int i = 0;i<point.length;i++){
        for(int j = 0;j<point[i].length;j++) {
           if(!point[i][j].isRoad()){
               Color c = new Color(233,143,22);
               g_2d.setColor(c);
               g_2d.setStroke(bs);
               g_2d.draw(block[i][j]);
           }
```

```
            else {
                g_2d.setColor(Color.green);
                g_2d.fill(block[i][j]);
                g_2d.setColor(Color.blue);
                g_2d.setStroke(bs);
                g_2d.draw(block[i][j]);
                if(point[i][j].getIsCharge()){
                   g_2d.setColor(Color.blue);
                   g_2d.fill(block[i][j]);
                   g_2d.setColor(Color.white);
                   int x =point[i][j].getX();//为了把字写到point[i][j]的区域内
                   int y =point[i][j].getY();
                   g_2d.setFont(new Font("",Font.BOLD,15));
                   g_2d.drawString(""+point[i][j].getChargeMoney(),x+
                   width/8,y+4*height/5);
                }
                if(point[i][j].isOut()){
                   g_2d.setColor(Color.red);
                   g_2d.fill(block[i][j]);
                   g_2d.setColor(Color.white);
                   g_2d.setFont(new Font("",Font.BOLD,10));
                   g_2d.drawString("出口",point[i][j].getX(),point[i][j].
                   getY()+4*height/5);
                }
            }
        }
    }
    g_2d.setColor(Color.red);
    int x = point[0][0].getX();
    int y = point[0][0].getY();
    x= x*width+leftX;
    y= y*height+leftY;
    Rectangle2D rect =
    new Rectangle2D.Double(x,y,width*point[0].length,height*point.length);
    g_2d.draw(rect);
    g_2d.setColor(Color.black);
    String mess1 ="绿色是路，红色是出口，蓝色是收费站（只要经过就收费，包括反复经过）"+
                 "务必记住整个路费，否则无法离开出口";
    String mess2 ="用鼠标单击走迷宫者，然后按方向键行走";
    int toLeftDis =handleMove.getBounds().width+leftX;
    g_2d.setFont(new Font("",Font.PLAIN,14));
    g_2d.drawString(mess1,toLeftDis+2,2*leftY/3);
    g_2d.drawString(mess2,leftX,(point.length+1)*height+leftY);
}
public Point getEnterPoint(Point [][] point){ //得到入口点
    Point p =null;
```

```
        for(int i = 0;i<point.length;i++){
            for(int j = 0;j<point[i].length;j++) {
                if(point[i][j].isEnter()){
                    p = point[i][j];
                    break;
                }
            }
        }
        return p;
    }
}
```

3）RandomMazeView 类

RandomMazeView 类是 MazeView 类的子类，RandomMazeView 视图相对父类 MazeView 来说多了一个换迷宫按钮，用户单击该按钮可以获得新的随机迷宫，如图 6.7 所示。

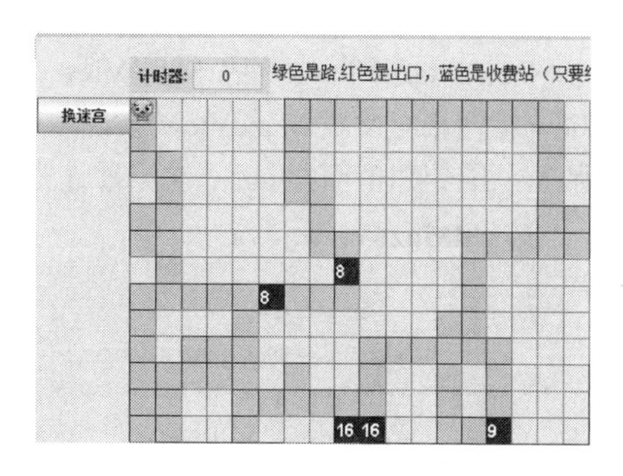

图 6.7　RandomMazeView 视图

RandomMazeView.java

```
package ch6.view;
import javax.swing.JButton;
import ch6.data.*;
import java.awt.event.*;
public class RandomMazeView extends MazeView implements ActionListener {
    JButton renew;                                              //重新开始
    public RandomMazeView(Point[][] p){
        super(p);
        renew = new JButton("换迷宫");
        add(renew);
        renew.setSize(80,30);
        renew.setLocation(1,leftY);
        renew.addActionListener(this);
    }
    public void actionPerformed(ActionEvent e){
        int m =point.length;
        int n =point[0].length;
        MazeMaker mazeMaker = new MazeByRandom(m,n);
        point= mazeMaker.initMaze();
        initPointXY();
        initView();
        SetChargeOnRoad police = new  ChargeOnRoad();
        point = police.setChargeOnRoad(point,20);           //设置 20 个收费站
        handleMove.recordTime.stop();
        handleMove.spendTime = 0;
        handleMove.showTime.setText("0");
        handleMove.isLeave = false;
```

```
            peopleWalker.cleanMoney();
            repaint();
            peopleWalker.requestFocusInWindow();
        }
    }
```

4）FixedMazeView 类

FixedMazeView 类是 MazeView 类的子类，FixedMazeView 视图相对父类 MazeView 来说多了一个“重走”按钮，用户单击该按钮可以再玩一次当前迷宫，如图 6.8 所示。

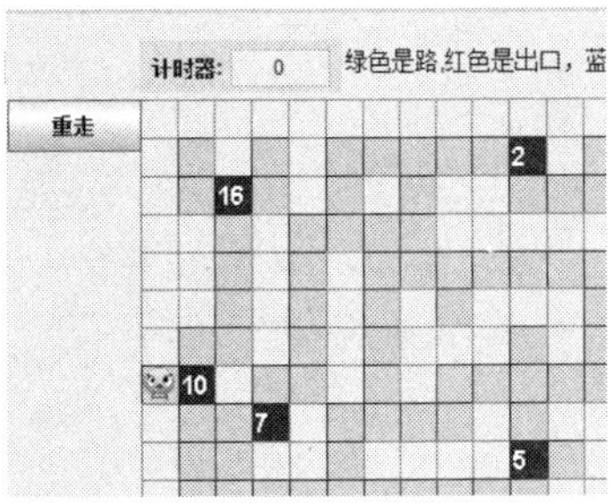

图 6.8　FixedMazeView 视图

FixedMazeView.java

```
package ch6.view;
import javax.swing.JButton;
import ch6.data.*;
import java.awt.event.*;
import java.io.*;
public class FixedMazeView extends MazeView implements ActionListener {
    JButton again;                        //再一次
    public FixedMazeView(Point[][] p){
        super(p);
        again = new JButton("重走");
        add(again);
        again.setSize(80,30);
        again.setLocation(1,leftY);
        again.addActionListener(this);
    }
    public void actionPerformed(ActionEvent e){
        int m =point.length;
        int n =point[0].length;
        MazeMaker mazeMaker = new MazeByFile(new File("迷宫文件/蜀道迷宫.txt"));
        point= mazeMaker.initMaze();
        initPointXY();
        initView();
        SetChargeOnRoad police = new  ChargeOnRoad();
        police.setMAXMoney(10);
        point = police.setChargeOnRoad(point,6);     //设置6个收费站
        handleMove.recordTime.stop();
        handleMove.spendTime = 0;
        handleMove.showTime.setText("0");
        handleMove.isLeave = false;
        peoplcWalker.cleanMoney();
        repaint();
        peopleWalker.requestFocusInWindow();
    }
}
```

5）IntegrationView 类

IntegrationView 类是 javax.swing.JFrame 类的子类，其实例集成各个迷宫视图，效果如前面的图 6.1。

IntegrationView.java

```
package ch6.view;
import java.awt.BorderLayout;
import javax.swing.JFrame;
import javax.swing.JTabbedPane;
public class IntegrationView extends JFrame{
   JTabbedPane tabbedPane; //用选项卡集成 MazeView 视图
   public IntegrationView(){
      tabbedPane= new JTabbedPane(JTabbedPane.LEFT);//卡在左侧
      tabbedPane.validate();
      add(tabbedPane,BorderLayout.CENTER);
      setBounds(5,5,1500,720);
      setDefaultCloseOperation(JFrame.DISPOSE_ON_CLOSE);
      setVisible(true);
   }
   public void addMazeView(String cardName,MazeView view){
     tabbedPane.add(cardName,view);
     validate();
   }
}
```

❷ 事件监视器

事件监视器负责处理视图上触发的用户界面事件，以便完成相应的任务。

HandleMove 类是实现了 Panel 的子类 KeyListener 接口，监视 MazeView 上的键盘界面事件，当用户单击 PersonInMaze 的实例（即走迷宫者的视图），然后按方向键时，HandleMove 的实例负责让迷宫者在迷宫中走动。另外，HandleMove 类的实例带有计时器，以便进行计时。

HandleMove.java

```
package ch6.view;
import java.awt.event.*;
import java.awt.*;
import javax.swing.*;
import ch6.data.Point;
public class HandleMove extends JPanel implements KeyListener,ActionListener {
   Point [][] p;
   int spendTime=0;
   javax.swing.Timer recordTime;    //计时器
   JTextField showTime;
   Toolkit tool;                    //用来播放嘟嘟的声音
   PersonInMaze person;
   boolean isLeave = false;         //判断是否已经离开出口
   int out_i,out_j;                 //存放出口点位置索引
```

```
HandleMove(){
   recordTime=new javax.swing.Timer(1000,this);
   showTime=new JTextField("0",5);
   tool=getToolkit();
   showTime.setEditable(false);
   showTime.setHorizontalAlignment(JTextField.CENTER);
   add(new JLabel("计时器:"));
   add(showTime);
   setBackground(Color.cyan);
}
public void setMazePoint(Point [][] point){
    p=point;
}
public void initSpendTime(){
   recordTime.stop();
   spendTime=0;
   showTime.setText(null);
}
public void keyPressed(KeyEvent e){
    recordTime.start();
    person=(PersonInMaze)e.getSource();
    int m=-1,n=-1;
    Point startPoint=person.getAtMazePoint();
    for(int i=0;i<p.length;i++){
        for(int j=0;j<p[i].length;j++){
           if(startPoint.equals(p[i][j])){
              m=i;
              n=j;
              break;
           }
        }
    }
    if(e.getKeyCode()==KeyEvent.VK_UP){
       int k=Math.max(m-1,0);
       if(p[k][n].isRoad()){
         tool.beep(); //发出“嘟”的一声
         person.setAtMazePoint(p[k][n]);
         person.setLocation(p[k][n].getX(),p[k][n].getY());
         if(p[k][n].getIsCharge()) {
            charseMoney(p[k][n]); //见后面的收费方法 charseMoney
         }
       }
    }
    else if(e.getKeyCode()==KeyEvent.VK_DOWN){
       int k=Math.min(m+1,p.length-1);
       if(p[k][n].isRoad()) {
```

```
            tool.beep();
            person.setAtMazePoint(p[k][n]);
            person.setLocation(p[k][n].getX(),p[k][n].getY());
            if(p[k][n].getIsCharge())
               charseMoney(p[k][n]);
         }
      }
      else if(e.getKeyCode()==KeyEvent.VK_LEFT){
         int k=Math.max(n-1,0);
         if(p[m][k].isRoad()){
            tool.beep();
            person.setAtMazePoint(p[m][k]);
            person.setLocation(p[m][k].getX(),p[m][k].getY());
            if(p[m][k].getIsCharge())
               charseMoney(p[m][k]);
         }
      }
      else if(e.getKeyCode()==KeyEvent.VK_RIGHT){
         int k=Math.min(n+1,p[0].length-1);
         if(p[m][k].isRoad()){
            tool.beep();
            person.setAtMazePoint(p[m][k]);
            person.setLocation(p[m][k].getX(),p[m][k].getY());
            if(p[m][k].getIsCharge())
               charseMoney(p[m][k]);
         }
      }
   }
   public void actionPerformed(ActionEvent e){
         spendTime++;
         showTime.setText("用时:"+spendTime+"秒");
   }
   public void keyReleased(KeyEvent e){
      if(isLeave == true)
         return;
      PersonInMaze person=(PersonInMaze)e.getSource();
      int m=-1,n=-1;
      Point endPoint=person.getAtMazePoint();
      if(endPoint.isOut()){
        String str=JOptionPane.showInputDialog(this,"输入您的路费（数字）",
       "收费站出口",JOptionPane.PLAIN_MESSAGE);
        int number = 0;
        try {
             number = Integer.parseInt(str.trim());
        }
        catch(Exception exp){
             JOptionPane.showMessageDialog(this,"您费用不对，请重新进入出口",
             "消息框",JOptionPane.INFORMATION_MESSAGE );
        }
        if(number == person.getMoney()){
```

```
                recordTime.stop();
                JOptionPane.showMessageDialog(this,"您可以离开出口","消息框",
                                JOptionPane.INFORMATION_MESSAGE );
                int x=p[p.length-1][p[0].length-1].getX()+person.getBounds().
                width;
                int y=p[p.length-1][p[0].length-1].getY()+person.getBounds().
                height;
                person.setLocation(x,y);
                isLeave = true;
                person.cleanMoney();
            }
            else {
                 JOptionPane.showMessageDialog(this,"您费用不对，请重新进入出口",
                 "消息框",JOptionPane.INFORMATION_MESSAGE );
            }
        }
    }
    public void charseMoney(Point p){
       int money = p.getChargeMoney();
       person.setMoney(money);
    }
    public void keyTyped(KeyEvent e) {}
}
```

6.5 GUI 程序

按照源文件中的包语句将 6.4 节中相关的源文件保存到以下目录中：

```
D:\ch6\view\
```

编译各个源文件，例如：

```
D\>javac ch6/view/MaxeView.java
```

也可以同时编译全部源文件：

```
D\>javac ch6/view/ *.java
```

把 6.2 节和 6.4 节给出的类看作一个小框架，下面用框架中的类编写 GUI 应用程序，完成 6.1 节给出的设计要求。

将 AppWindow.java 源文件按照包名保存到以下目录中：

```
D:\ch6\gui
```

编译源文件：

```
D:\>javac ch6/gui/AppWindow.java
```

建立名字是“迷宫文件”并和 ch6 同级别的文件夹(这里需要在 D 盘下建立)，将 perion.gif 和 “蜀道迷宫.txt” 保存到 “迷宫文件” 文件夹中。

运行 AppWindow 类（运行效果如本章开始给出的图 6.1）：

```
D:\>java ch6.gui.AppWindow
```

AppWindow.java

```
package ch6.gui;
import ch6.data.*;
import ch6.view.*;
import java.io.File;
public class AppWindow {
   public static void main(String []args) {
       MazeMaker mazeMaker = new MazeByRandom(21,39);
       Point [][] point= mazeMaker.initMaze();
       //设置收费点（可选）
       SetChargeOnRoad policeOne = new  ChargeOnRoad();
       //收费站最高收费金额默认是 20
       point = policeOne.setChargeOnRoad(point,20); //设置 20 个收费站
       MazeView mazeView  = new RandomMazeView(point);
       IntegrationView integrationView = new IntegrationView();
       integrationView.addMazeView("随机迷宫",mazeView);
       mazeMaker = new MazeByFile(new File("迷宫文件/蜀道迷宫.txt"));
       point= mazeMaker.initMaze();
       SetChargeOnRoad policeTwo = new  ChargeOnRoad();
       policeTwo.setMAXMoney(10); //收费站最高收费金额为 10
       point = policeTwo.setChargeOnRoad(point,6); //设置 6 个收费站
       mazeView  = new FixedMazeView(point);
       integrationView.addMazeView("蜀道迷宫",mazeView);
   }
}
```

6.6 程序发布

用户可以使用 jar.exe 命令制作 JAR 文件来发布软件。

❶ 清单文件

编写以下清单文件（用记事本保存时需要将保存类型选择为“所有文件(*.*)”）：

ch6.mf

```
Manifest-Version: 1.0
Main-Class: ch6.gui.AppWindow
Created-By: 1.8
```

将 ch6.mf 保存到 D\:，即保存在包名所代表的目录的上一层目录中。

> **注意** 清单中的 Manifest-Version 和 1.0 之间、Main-Class 和主类 ch6.gui.AppWindow 之间以及 Created-By 和 1.8 之间必须有且只有一个空格。

❷ 用批处理文件发布程序

在命令行中使用 jar 命令得到 JAR 文件：

```
D:\>jar cfm Maze.jar ch6.mf  ch6/data/*.class ch6/view/*.class ch6/gui/*.
class
```

其中，参数 c 表示要生成一个新的 JAR 文件，f 表示要生成的 JAR 文件的名字，m 表示清单文件的名字。如果没有任何错误提示，在 D:\下将产生一个名字是 Maze.jar 的文件。

将 D:\下的 Maze.jar 和“迷宫文件”文件夹（软件需要的其他非 class 文件）复制到某个文件中，例如 2000 文件夹中。

编写以下 maze.bat，用记事本保存该文件时需要将保存类型选择为“所有文件(*.*)”。

maze.bat

```
path.\jre\bin
pause
javaw -jar Maze.jar
```

将该文件也保存到 2000 文件夹中，即将调试程序使用的 JDK 安装目录下的 JRE 子目录也复制到 2000 文件夹中。在 2000 文件夹中再保存一个软件运行说明书，提示双击 maze.bat 即可运行程序。

可以将 2000 文件夹作为软件发布，也可以用压缩工具将 2000 文件夹下的所有文件压缩成.zip 或.jar 文件发布。用户解压后双击 maze.bat 即可运行程序。

如果客户的计算机上有 JRE，可以不把 JRE 复制到 2000 文件夹中，同时去除.bat 文件中的“path.\jre\bin”内容。

6.7 课设题目

❶ 走迷宫游戏

在学习本章代码的基础上改进走迷宫游戏，可以为程序增加任何合理的并有能力完成的功能，但至少要增加下列所要求的功能（除了第 4 项和第 5 项，第 4 项和第 5 项可独立进行）。

① 在 MazeView 视图上增加一个按钮，用户单击该按钮可以更改走迷宫者的外观。

② 编写一个实现 MazeMaker 接口的类，给出一种得到迷宫的办法。

③ 增加英雄榜功能。走迷宫者成功后将弹出输入对话框，用户输入自己喜欢的昵称后单击对话框上的确定按钮，程序将用户的昵称和成绩（可以用用时和所缴纳的路费综合给出一个成绩）保存到英雄榜（建议用 Derby 数据库中的一个表作为英雄榜，当然也可以用一般的文件，建议看第 8 章的英雄榜——ch8.data.RecordOrShowRecord、ch8.view.Record 和 ch8.view.ShowRecord 类）。

④ 研究一种智能走迷宫的算法，即让走迷宫者自己走到出口（不需要用户按方向键）。

⑤ 参考 ch6.view.FixedMazeView 类编写过关的走迷宫，每关的迷宫由文件生成。用户过了一关后程序就可以自动出现下一关，也可以询问用户是否继续下一关。

❷ 自定义题目

通过老师指导或自己查找资料自创一个题目。

第 7 章　魔板游戏

7.1　设计要求

魔板游戏是一款经典的智力游戏。具体要求如下：

① 魔板由 3×3 或 4×4 个格子组成。对于 3×3 魔板，在前 8 个格子里随机放置 8 个编号为 1～8 的方块，最后一个格子是未放置方块的空格子；对于 4×4 的魔板，在前 15 个格子里随机放置 15 个编号为 1～15 的方块，最后一个格子是未放置方块的空格子。

② 用鼠标单击任何与空格子水平或垂直相邻的方块都可以把该方块移入空格子，而当前方块移动之前所在的格子成为空格子。通过不断地移动方块可以将方块一行一行地按数字顺序排好。例如，对于 3×3 格子组成的魔板，要求方块最后排列的顺序是“1,2,3,4,5,6,7,8”。

③ 魔板游戏也可以使用图像来代替数字。例如，对于 3×3 的魔板，将一幅图像分成 3×3 幅小图像，除去最后一幅小图像（图像的右下角），将其余各幅小图像打乱顺序后放在魔板的方块上，最终目标是通过移动方块恢复原始图像，即最后各个小方块上的图像组成的顺序所形成的图像必须和原图一样（除了图像的右下角，即右下角必须没有方块）。

④ 当用户按要求排列好方块后，程序弹出对话框，提示用户成功的消息。

⑤ 魔板游戏分为两个级别，用户可以通过界面上提供的菜单来选择“初级”或“高级”级别。对于“初级”级别，魔板由 3×3 个格子组成；对于“高级”级别，魔板由 4×4 个格子组成。

⑥ 魔板游戏提供一幅默认图像，用户可以使用该图像来玩魔板游戏。用户也可以使用界面提供的菜单选择一幅新图像，然后使用这个新的图像来玩魔板游戏。

程序运行的参考效果图如图 7.1 所示。

图 7.1　模板游戏

注意　我们按照 MVC-Model View Control（模型，视图，控制器）的设计思想展开程序的设计和代码的编写。数据模型部分相当于 MVC 中的 Model 角色，视图设计部分给出的界面部分相当于 MVC 中的 View，视图设计部分给出的事件监视器相当于 MVC 中的 Control。

7.2　数据模型

根据系统设计要求在数据模型部分编写了以下类。

- 封装模板中点有关数据的 Point 类。
- 封装模板中方块有关数据的 Block 类。
- 负责分解图像的 HandleImage 类。
- 负责验证用户是否成功的 VerifySuccess 类。

数据模型部分涉及的主要类的 UML 图如图 7.2 所示。

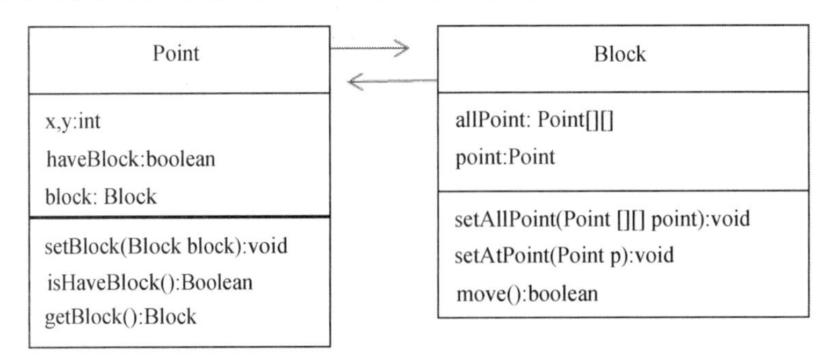

图 7.2　主要类的 UML 图

❶ 点与方块

1）Point 类

Point 的实例是魔板中的点。x、y 是 Point 对象中的两个 int 型数据，分别用来表示点的 x-坐标和 y-坐标。haveBlock 是 boolean 数据，如果有方块（Block 对象）在点上，该点的 haveBlock 数据为 true，否则为 false（点用 block 成员来存放一个 Block 对象的引用，表明该 Block 对象在当前点上）。

Point.java

```
package ch7.data;
public class Point{
   int x,y;                    //在坐标系中的 x-坐标和 y-坐标
   boolean haveBlock;          //点上是否有方块
   Block  block=null;          //点上的方块
   public Point(){
   }
   public Point(int x,int y){
      this.x=x;
      this.y=y;
```

```
    }
    public boolean isHaveBlock(){
       return haveBlock;
    }
    public void setHaveBlock(boolean boo){
       haveBlock=boo;
    }
    public int getX(){
       return x;
    }
    public int getY(){
       return y;
    }
    public void setBlock(Block block){
       this.block=block;
    }
    public Block getBlock(){
       return block;
    }
}
```

2）Block 类

Block 类的实例是模板中的方块。方块含有魔板中的全部点的引用，也能确定自己所在的点。另外，方块可以使用 move()方法在魔板的点上走动；方块可以根据需要决定是否绘制一幅图像在方块上（图像玩法）；方块也可以根据需要决定是否将数字显示在方块上（数字玩法）。

Block.java

```
package ch7.data;
import javax.swing.*;
import java.awt.*;
public class Block extends JTextField{
   Point point;                //方块所在的点
   Object object;              //方块上的图像
   Point [][] allPoint;        //全部点位置
   int index_i,index_j ;       //点的索引
   public Block(){
      setEditable(false);
      setHorizontalAlignment(JTextField.CENTER);
      setFont(new Font("Arial",Font.BOLD,16));
      setForeground(Color.blue);
   }
   public void setAtPoint(Point p){
       point=p;
   }
   public void setAllPoint(Point [][] point){
```

```
        allPoint = point;
    }
    public Point getAtPoint(){
        return point;
    }
    public void setObject(Object object){
        this.object=object;
        if(object instanceof Integer){
            Integer number=(Integer)object;
            setText(""+number.intValue());
        }
        else if(object instanceof Image){
            repaint();
        }
    }
    public Object getObject(){
        return object;
    }
    public void paintComponent(Graphics g){
        super.paintComponent(g);
        int w=getBounds().width;
        int h=getBounds().height;
        try{
            g.drawImage((Image)object,0,0,w,h,this);
        }
        catch(Exception exp){}
    }
    public boolean move(){
        int m = -1,n=-1;
        boolean successMove = false;
        Point pStart = getAtPoint();
        findIndex(pStart,allPoint);
                    //见后面的 findIndex(Point p,Point[][] allPoint)方法
        for(int i = 0;i<allPoint.length;i++){        //得到空盒子的位置索引“m,n”
            for(int j = 0;j<allPoint[i].length;j++){
                if(!allPoint[i][j].isHaveBlock()){
                    m = i;
                    n = j;
                }
            }
        }
        if (Math.abs(index_i-m)+Math.abs(index_j-n) == 1){
            this.setAtPoint(allPoint[m][n]);
                    //当前方块到达 allPoint[m][n]点（空盒处）
            successMove = true;
            allPoint[m][n].setBlock(this);
```

```
            allPoint[m][n].setHaveBlock(true);
            pStart.setHaveBlock(false);     //设置该点没有方块
            pStart.setBlock(null);          //设置该点上的方块是 null（设置为空盒子）
        }
        return successMove ;
    }
    private void findIndex(Point p,Point[][] allPoint){
                                            //寻找 p 在 allPoint 中的索引位置
        for(int i = 0;i<allPoint.length;i++){
            for(int j = 0;j<allPoint[i].length;j++){
                if(p == allPoint[i][j]){
                    index_i = i;
                    index_j = j;
                    break;
                }
            }
        }
    }
}
```

❷ 分解图像与验证

1）分解图像

HandleImage 类的实例负责分解图像，可以将一幅图像分解为若干幅小的图像，并将这些小图像存放在 Image 类型的数组中。

HandleImage.java

```
package ch7.data;
import java.awt.*;
import javax.swing.*;
import java.awt.image.*;
public class HandleImage extends JComponent{
    int imageWidth,imageHeight;
    Toolkit tool;
    public HandleImage(){
        tool=getToolkit();
    }
    public Image [] getImages(Image image,int rows,int colums){
        Image [] blockImage=new Image[rows*colums];
        try{
             imageWidth=image.getWidth(this);
             imageHeight=image.getHeight(this);
             int w=imageWidth/colums;
             int h=imageHeight/rows;
             int k=0; //把图像分成 k 份，即 rows*colums 份
             PixelGrabber pg=null;
             ImageProducer ip=null;
```

```
            for(int i=0;i<rows;i++){
                for(int j=0;j<colums;j++){
                    int pixels[]= new int[w*h];//存放第 k 份图像像素的数组
                //将图像 image 中（j*w,i*h,w,h）矩形区域的像素放到数组 pixels 的第 0 行
                至第 w 行中
                    pg=new PixelGrabber(image,j*w,i*h,w,h,pixels,0,w);
                    pg.grabPixels();
                  //用数组 pixels 的第 0 行至第 w 行像素做图像源
                    ip = new MemoryImageSource(w,h,pixels,0,w);
                    blockImage[k]=tool.createImage(ip);
                  //得到宽是 w、高是 h 的矩形 Image 对象
                    k++;
                }
            }
        }
        catch(Exception ee){}
        return blockImage;
    }
}
```

2）验证

VerifySuccess 类的实例负责验证用户是否成功地按规则完成了魔板游戏，即是否将魔板中的方块排列成规则要求的顺序。例如对于 3 行 3 列的魔板，魔板中方块上的数字顺序必须是“1,2,3,4,5,6,7,8”，同时魔板的右下角必须没有方块。对于图像魔板，最后各个小方块上的图像组成的顺序所形成的图像必须和原图一样（除了图像的右下角，即右下角必须没有方块）。

VerifySuccess.java

```
package ch7.data;
public class VerifySuccess{
   Point [][] point;                  //魔板中的全部点
   Object [] object;                  //方块上应该有的数字顺序或图像顺序
   public void setPoint(Point [][] point){
      this.point=point;
   }
   public void setObject(Object [] object){
      this.object = object;
   }
    public boolean isSuccess(){
      if(point[point.length-1][point[0].length-1].getBlock()!=null)
                                      //如果右下角有方块
         return false;
      boolean boo=true;
      int k=0;
      for(int i=0;i<point.length;i++){
        if(i<point.length-1){
```

```
            for(int j=0;j<point[i].length;j++){
                if(!(point[i][j].getBlock().getObject()==object[k])){
                    boo = false;
                    break;
                }
                k++;
            }
        }
        else{ //排除右下角的点
            for(int j=0;j<point[i].length-1;j++){
                if(!(point[i][j].getBlock().getObject()==object[k])){
                    boo=false;
                    break;
                }
                k++;
            }
        }
    }
    return boo;
  }
}
```

7.3　简单测试

我们的 Java 程序就是设计要求的 C/S 模式中的 C，即客户端。按照源文件中的包语句将相关的 Java 源文件保存到以下目录中：

```
D:\ch7\data
```

编译各个源文件，例如：

```
D:\>javac ch7/data/Point.java
```

也可以编译全部源文件：

```
D:\>javac ch7/data/*.java
```

把 7.2 节给出的类看作一个小框架，下面用框架中的类编写一个简单的应用程序，测试魔板游戏，即在命令行表述对象的行为过程，如果表述成功（如果表述困难，说明数据模型不是很合理），那么就为以后的 GUI 程序设计提供了很好的对象功能测试，在后续的 GUI 设计中，重要的工作仅仅是为某些对象提供视图界面，并处理相应的界面事件而已。

AppTest 测试了数字魔板，编译 AppTest.java：

```
D:\>javac ch7/test/AppTestOne.java
```

运行 AppTest 类，效果如图 7.3 所示。

```
D:\>java ch7.test.AppTest
    1    2    3
    4    8    5
    7    6    #
-----------------------
移动2次:
true
true
    1    2    3
    4    #    5
    7    8    6
成功否:false
再移动2次:
true
true
    1    2    3
    4    5    6
    7    8    #
成功否:true
```

图 7.3　简单测试

```
D:\>java ch7.test.AppTestOne
```

AppTest.java

```
package ch7.test;
import ch7.data.*;
public class AppTest {
   public static void main(String [] args) {
       Point [][] point = new Point[3][3]; //3 行 3 列的魔板中的点
       for(int i=0;i<point.length;i++) {
          for(int j = 0;j<point[i].length;j++)
             point[i][j] = new Point();
       }
       Block block[][] = new Block[3][3];
       for(int i=0;i<block.length;i++) {  //3 行 3 列的魔板中的方块
          for(int j = 0;j<block[i].length;j++) {
            block[i][j] = new Block();
            block[i][j].setAllPoint(point);
            block[i][j].setAtPoint(point[i][j]);
            point[i][j].setHaveBlock(true);
            point[i][j].setBlock(block[i][j]);
          }
       }
       point[2][2].setHaveBlock(false);  //右下角设置没有方块
       point[2][2].setBlock(null);       //右下角设置为 null 方块
       VerifySuccess verifySuccess = new VerifySuccess();//负责判断是否成功
       Integer [] number = {1,2,3,4,5,6,7,8};
       verifySuccess.setPoint(point);
       verifySuccess.setObject(number);
       block[0][0].setObject(number[0]);
       block[0][1].setObject(number[1]);
       block[0][2].setObject(number[2]);
       block[1][0].setObject(number[3]);
       block[1][1].setObject(number[7]);
       block[1][2].setObject(number[4]);
       block[2][0].setObject(number[6]);
       block[2][1].setObject(number[5]);
       intput(point);
       System.out.println("----------------------------");
       System.out.println("移动 2 次:");
       System.out.println(point[2][1].getBlock().move());
       System.out.println(point[1][1].getBlock().move());
       intput(point);
       System.out.println("成功否:"+verifySuccess.isSuccess());
       System.out.println("再移动 2 次:");
       System.out.println(point[1][2].getBlock().move());
       System.out.println(point[2][2].getBlock().move());
```

```
        intput(point);
        System.out.println("成功否:"+verifySuccess.isSuccess());
    }
    static void intput(Point [][] point){
        int k = 0;
        for(int i=0;i<point.length;i++) {
            for(int j = 0;j<point[i].length;j++){
              String s ="";
              Block bk= point[i][j].getBlock();
              if(bk!=null){
                 Integer object = (Integer)bk.getObject();
                 s =object.toString();
              }
              else
                  s ="#"; //表示没有方块
              System.out.printf("%5s",s);
            }
            System.out.println();
        }
    }
}
```

7.4　视图设计

设计 GUI 程序除了使用 7.2 节给出的类以外，需要使用 javax.swing 包提供的视图（也称 Java Swing 框架）以及处理视图上触发的界面事件。与 7.3 节中简单的测试相比，GUI 程序可以提供更好的用户界面，完成 7.1 节提出的设计要求。

GUI 部分设计的类如下（主要类的 UML 图如图 7.4 所示）。

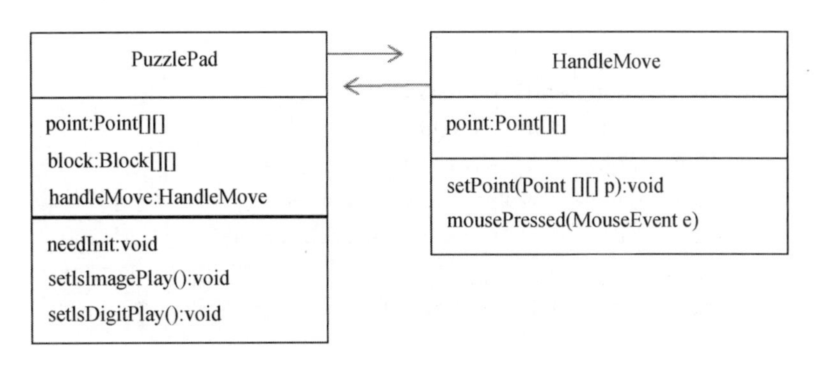

图 7.4　主要类的 UML 图

- PuzzlePad 类：其实例为魔板游戏的视图界面。
- HandleMove 类：其实例负责处理 PuzzlePad 视图上的 MouseEvent 和 ActionEvent 事件。

❶ **视图相关类**

PuzzlePad 类是 javax.swing 包中 JPanel 容器的子类，其实例就是魔板。该类使用二维数组 Point 来确定魔板中方块的位置，使用二维数组 Block 作为魔板中的方块。distance、grade、m 和 n 是 int 型数据，Point 对象根据 distance 的值进行初始化，以便确定 Point 对象之间的距离。m 和 n 的值是二维数组 Block 和 Point 的行数和列数，m 和 n 的默认值都是 3。grade 的值代表魔板的级别，默认值是 1。PuzzlePad 对象调用 setIsDigitPlay()方法将魔板设置为数字玩法，调用 paintComponent(Graphics)将魔板使用的图像（即 image 对象）绘制在魔板的右侧，如图 7.5 所示。

图 7.5　魔板视图

PuzzlePad.java

```
package ch7.view;
import javax.swing.*;
import java.util.*;
import java.awt.*;
import ch7.data.Point;
import ch7.data.Block;
import ch7.data.HandleImage;
import ch7.data.VerifySuccess;
public class PuzzlePad extends JPanel{
    Point [][] point;
    Block [][] block;
    int distance=56,grade,m=3,n=3;
    HandleMove handleMove;
    HandleImage handleImage;
    VerifySuccess verifySuccess;
    Image image;
    boolean isDigitPlay;
    public PuzzlePad(){
       setBackground(Color.gray);
       setLayout(null);
       handleMove=new HandleMove();
       handleMove.initSpendTime();
       handleImage=new HandleImage();
       verifySuccess=new VerifySuccess();
       handleMove.setVerifySuccess(verifySuccess);
    }
    public HandleMove getHandleMove(){
      return handleMove;
    }
    public void setImage(Image image){
      this.image=image;
    }
    public void setGrade(int grade){
       this.grade=grade;
       if(grade==1){
```

```
        m=3;
        n=3;
      }
      else if(grade==2){
        m=4;
        n=4;
      }
    }
    public int getGrade(){
      return grade;
    }
    private void needInit(){
      handleMove.initSpendTime();
      removeAll();
      point=new Point[m][n];
      block=new Block[m][n];
      int Hspace=distance,Vspace=distance;
      for(int i=0;i<m;i++){
        for(int j=0;j<n;j++){
          point[i][j]=new Point(Hspace,Vspace);
          Hspace=Hspace+distance;
        }
        Hspace=distance;
        Vspace=Vspace+distance;
      }
      handleMove.setPoint(point);
      verifySuccess.setPoint(point);
      handleMove.setVerifySuccess(verifySuccess);
      int k=0;
      for(int i=0;i<m;i++){
         if(i<m-1)
            for(int j=0;j<n;j++){
              block[i][j]=new Block();
              block[i][j].setAllPoint(point);
              block[i][j].addMouseListener(handleMove);
              k++;
            }
         else
           for(int j=0;j<n-1;j++){
              block[i][j]=new Block();
              block[i][j].setAllPoint(point);
              block[i][j].addMouseListener(handleMove);
              k++;
            }
      }
      for(int i=0;i<m;i++){
```

```
            if(i<m-1)
              for(int j=0;j<n;j++){
                add(block[i][j]);
                block[i][j].setSize(distance,distance);
                block[i][j].setLocation(point[i][j].getX(),point[i][j].
                getY());
                block[i][j].setAtPoint(point[i][j]);
                point[i][j].setBlock(block[i][j]);
                point[i][j].setHaveBlock(true);
              }
            else
              for(int j=0;j<n-1;j++){
                add(block[i][j]);
                block[i][j].setSize(distance,distance);
                block[i][j].setLocation(point[i][j].getX(),point[i][j].
                getY());
                block[i][j].setAtPoint(point[i][j]);
                point[i][j].setBlock(block[i][j]);
                point[i][j].setHaveBlock(true);
              }
        }
    }
    public void setIsDigitPlay(){
        needInit();
        isDigitPlay=true;
        ArrayList<Integer> numberList=new ArrayList<Integer>();
        for(int k=0;k<m*n-1;k++){
           numberList.add(k+1);
        }
        Object []object=numberList.toArray();
        verifySuccess.setObject(object);
        Collections.shuffle(numberList); //随机排列数字
        int k=0;
        for(int i=0;i<m;i++){
            if(i<m-1)
              for(int j=0;j<n;j++){
                 block[i][j].setObject(numberList.get(k));
                 k++;
              }
            else
              for(int j=0;j<n-1;j++){
                 block[i][j].setObject(numberList.get(k));
                 k++;
              }
        }
        repaint();
```

```
    }
    public void setIsImagePlay(){
         needInit();
         isDigitPlay=false;
         ArrayList<Image> imageList=new ArrayList<Image>();
         Image [] blockImage=handleImage.getImages(image,m,n);
         for(int k=0;k<blockImage.length-1;k++){
            imageList.add(blockImage[k]);
         }
         Object []object=imageList.toArray();
         verifySuccess.setObject(object);
         Collections.shuffle(imageList); //随机排列图像
         int k=0;
         for(int i=0;i<m;i++){
             if(i<m-1)
                for(int j=0;j<n;j++){
                    block[i][j].setObject(imageList.get(k));
                    block[i][j].repaint();
                    block[i][j].setBorder(null);
                    k++;
                }
             else
               for(int j=0;j<n-1;j++){
                   block[i][j].setObject(imageList.get(k));
                   block[i][j].repaint();
                   block[i][j].setBorder(null);
                   k++;
               }
         }
         repaint();
    }
   public void paintComponent(Graphics g){
      super.paintComponent(g);
      if(isDigitPlay==false)
        try{
             g.drawImage(image,20+distance*(m+1),point[0][0].getY(),
                       distance*m,distance*n,this);
        }
        catch(Exception exp){}
   }
}
```

❷ 事件监视器

事件监视器负责处理视图上触发的用户界面事件，以便完成相应的任务。HandleMove 类是 javax.swing 包中 JPanel 容器的一个子类，并实现了 MouseListener 和 ActionListener 接口，创建的对象 handleMove 是魔板的重要成员之一。handleMove 负责监视魔板中的方块上的鼠标事件。当用户用鼠标单击方块后，handleMove 对象负责通知方块调用 move()方法。

另外，监视器封装 VerifySuccess 类的实例，以便让该实例判断用户是否成功地完成了游戏。HandleMove 类还封装了 javax.swing.Timer 计时器。构造方法 Timer(int a,Object b)创建计时器。其中，参数 *a* 的单位是毫秒，确定计时器每隔 *a* 毫秒震铃一次，参数 b 是计时器的监视器。计时器发生的震铃事件是 ActionEvent 事件，当震铃事件发生时，监视器就会监视到这个事件，就会调用 actionPerformed(ActionEvent)方法。当震铃每隔 *a* 毫秒发生一次时，方法 actionPerformed(ActionEvent)就被执行一次。

HandleAddAdvertisement.java

```
package ch7.view;
import java.awt.event.*;
import java.awt.*;
import javax.swing.*;
import ch7.data.Point;
import ch7.data.Block;
import ch7.data.HandleImage;
import ch7.data.VerifySuccess;
public class HandleMove extends JPanel implements MouseListener,ActionListener {
   Point [][] point;
   int spendTime=0;
   javax.swing.Timer recordTime;
   JTextField showTime;
   VerifySuccess verify;
   HandleMove(){
      recordTime=new javax.swing.Timer(1000,this);
      showTime = new JTextField(16);
      showTime.setEditable(false);
      showTime.setHorizontalAlignment(JTextField.CENTER);
      showTime.setFont(new Font("楷体_GB2312",Font.BOLD,16));
      JLabel hitMess=new JLabel("用鼠标单击方块",JLabel.CENTER);
      hitMess.setFont(new Font("楷体_GB2312",Font.BOLD,18));
      add(hitMess) ;
      add(showTime);
      setBackground(Color.cyan);
   }
   public void setPoint(Point [][] p){
      point=p;
   }
   public void initSpendTime(){
      recordTime.stop();
      spendTime=0;
      showTime.setText(null);
   }
   public void setVerifySuccess(VerifySuccess verify){
      this.verify=verify;
```

```
    }
    public void mousePressed(MouseEvent e){
       recordTime.start();
       Block block=null;
       block=(Block)e.getSource();
       Point startPoint=block.getAtPoint();
       int w=block.getBounds().width;
       int h=block.getBounds().height;
       if(block.move()){
         Point pEnd = block.getAtPoint();//得到方块移动后所在的点
         int x = pEnd.getX();
         int y = pEnd.getY();
         block.setLocation(x,y);
         block.setAtPoint(pEnd);
         pEnd.setBlock(block);
         pEnd.setHaveBlock(true);
         startPoint.setHaveBlock(false);
       }
    }
    public void actionPerformed(ActionEvent e){
         spendTime++;
         showTime.setText("您的用时:"+spendTime+"秒");
    }
    public void mouseReleased(MouseEvent e){
         if(verify.isSuccess()){
            recordTime.stop();
            JOptionPane.showMessageDialog(this,"您成功了!","消息框",
                                JOptionPane.INFORMATION_MESSAGE );
         }
    }
    public void mouseEntered(MouseEvent e){}
    public void mouseExited(MouseEvent e){}
    public void mouseClicked(MouseEvent e){}
}
```

7.5 GUI 程序

将“拼图图像”文件夹存放在包名目录的父目录中（这里需要保存在 D:\中），在“拼图图像”文件夹里需要有名字是 default.jpg 的图像（代码需要）。

按照源文件中的包语句将 7.4 节中相关的源文件保存到以下目录中：

```
D:\ch7\view\
```

编译各个源文件，例如：

```
D:\>javac ch7/view/PuzzlePad.java
```

也可以一次编译多个源文件：

```
D:\>javac ch7/view/*.java
```

把 7.2 节和 7.4 节给出的类看作一个小框架，下面用框架中的类编写 GUI 应用程序，完成 7.1 节给出的设计要求。

将 AppWindow.java 源文件按照包名保存到以下目录中：

```
D:\ch7\gui
```

编译源文件：

```
D:\>javac ch7/gui/AppWindow.java
```

运行 AppWindow 类（运行效果如本章开始给出的图 7.1）：

```
D:\>java ch7.gui.AppWindow
```

AppWindow 窗口有名字分别为“选择级别”和“选择图像”的菜单，级别依次为“初级”和“高级”。用户可以自己“选择一幅新图像”或“使用默认像”，窗口中有单选按钮，名字依次为数字玩法和图像玩法，在同一时刻只能有一个处于选中状态。单击“开始”按钮可以开始游戏。用户单击“开始”按钮后，如果单选框数字玩法处于被选中状态，那么程序所执行的操作就是让魔板使用数字魔板，如果单选框图像玩法被选中，那么程序所执行的操作就是让魔板使用图像魔板。这里将魔板添加到窗口的中心，将魔板的监视器添加到窗口的南侧。

AppWindow.java

```
package ch7.gui;
import java.awt.*;
import java.awt.event.*;
import javax.swing.*;
import java.io.*;
import javax.swing.filechooser.*;
import ch7.view.PuzzlePad;
public class AppWindow extends JFrame implements ActionListener{
   PuzzlePad puzzlePad;
   JMenuBar bar;
   JMenu gradeMenu,choiceImage;
   JMenuItem oneGrade,twoGrade,newImage,defaultImage;
   JRadioButton digitPlay,imagePlay;
   ButtonGroup group=null;
   JButton startButton;
   Image image;
   Toolkit tool;
   public AppWindow(){
      tool=getToolkit();
      bar=new JMenuBar();
      gradeMenu=new JMenu("选择级别");
```

```
        choiceImage=new JMenu("选择图像");
        oneGrade=new JMenuItem("初级");
        twoGrade=new JMenuItem("高级");
        newImage=new JMenuItem("选择一幅新图像");
        defaultImage=new JMenuItem("使用默认图像");
        gradeMenu.add(oneGrade);
        gradeMenu.add(twoGrade);
        choiceImage.add(newImage);
        choiceImage.add(defaultImage);
        bar.add(gradeMenu);
        bar.add(choiceImage);
        setJMenuBar(bar);
        oneGrade.addActionListener(this);
        twoGrade.addActionListener(this);
        newImage.addActionListener(this);
        defaultImage.addActionListener(this);
        startButton=new JButton("开始");
        startButton.addActionListener(this);
        group=new ButtonGroup();
        digitPlay=new JRadioButton("数字玩法",true);
        imagePlay=new JRadioButton("图像玩法",false);
        group.add(digitPlay);
        group.add(imagePlay);
        puzzlePad=new PuzzlePad();
        puzzlePad.setGrade(1);
        puzzlePad.setIsDigitPlay();
        add(puzzlePad,BorderLayout.CENTER);
        JPanel pNorth=new JPanel();
        pNorth.add(digitPlay);
        pNorth.add(imagePlay);
        pNorth.add(startButton);
        pNorth.add(new JLabel("如果图像不能立刻显示，请再单击一次按钮"));
        add(pNorth,BorderLayout.NORTH);
        add(puzzlePad.getHandleMove(),BorderLayout.SOUTH);
        validate();
        setVisible(true);
        setBounds(100,50,550,380);
        setDefaultCloseOperation(JFrame.EXIT_ON_CLOSE);
        try{
            image=tool.createImage(new File("拼图图像/default.jpg").toURI()
            .toURL());
            puzzlePad.setImage(image);
        }
        catch(Exception exp){}
    }
```

```
public void actionPerformed(ActionEvent e){
     if(e.getSource()==startButton){
        if(digitPlay.isSelected()){
            puzzlePad.setIsDigitPlay();
        }
        else if(imagePlay.isSelected()){
          puzzlePad.setImage(image);
          puzzlePad.setIsImagePlay();
        }
     }
     else if(e.getSource()==oneGrade){
        puzzlePad.setGrade(1);
     }
     else if(e.getSource()==twoGrade){
        puzzlePad.setGrade(2);
     }
     else if(e.getSource()==newImage){
       FileNameExtensionFilter filter = new FileNameExtensionFilter(
       "JPG & GIF Images", "jpg", "gif");
        JFileChooser chooser=new JFileChooser();
        chooser.setFileFilter(filter);
        int state=chooser.showOpenDialog(null);
        File file=chooser.getSelectedFile();
        if(file!=null&&state==JFileChooser.APPROVE_OPTION){
          try{
           image=tool.createImage(file.toURI().toURL());
           puzzlePad.setImage(image);
          }
          catch(Exception exp){}
        }
    }
    else if(e.getSource()==defaultImage){
       try{
            image=tool.createImage(new File("拼图图像/default.jpg").toURI()
            .toURL());
            puzzlePad.setImage(image);
          }
       catch(Exception exp){}
    }
 }
 public  static void main(String args[]){
    new AppWindow();
 }
}
```

7.6　程序发布

用户可以使用 jar.exe 命令制作 JAR 文件来发布软件。

❶ 清单文件

编写以下清单文件（用记事本保存时需要将保存类型选择为“所有文件(*.*)”）。

ch7.mf

```
Manifest-Version: 1.0
Main-Class: ch7.gui.AppWindow
Created-By: 1.8
```

将 ch7.mf 保存到 D\:，即保存在包名所代表的目录的上一层目录中。

> 注意　清单中的 Manifest-Version 和 1.0 之间、Main-Class 和主类 ch7.gui.AppWindow 之间以及 Created-By 和 1.8 之间必须有且只有一个空格。

❷ 用批处理文件发布程序

在命令行中使用 jar 命令创建 JAR 文件。

```
D:\>jar cfm PuzzleGame.jar ch7.mf  ch7/data/*.class ch7/view/*.class ch7/
gui/*.class
```

其中，参数 c 表示要生成一个新的 JAR 文件，f 表示要生成的 JAR 文件的名字，m 表示清单文件的名字。如果没有任何错误提示，在 D:\下将产生一个名字是 PuzzleGame.jar 的文件。

编写以下 puzzle.bat，用记事本保存该文件时需要将保存类型选择为“所有文件(*.*)”。

puzzle.bat

```
path.\jre\bin
pause
javaw -jar PuzzleGame.jar
```

将该文件保存到自己命名的某个文件夹中，例如名字是 2000 的文件夹中。然后将 PuzzleGame.jar 以及 JRE（即调试程序使用的 JDK 安装目录下的 JRE 子目录）复制到 2000 文件夹中，将“拼图图像”文件夹也复制到 2000 文件夹中。

可以将 2000 文件夹作为软件发布，也可以用压缩工具将 2000 文件夹下的所有文件压缩成.zip 或.jar 文件发布。用户解压后双击 puzzle.bat 即可运行程序。

如果客户计算机上肯定有 JRE，可以不把 JRE 复制到 2000 文件夹中，同时去除.bat 文件中的“path.\jre\bin”内容。

7.7　课设题目

❶ 改进魔板游戏

在学习本章代码的基础上改进魔板游戏，为程序增加任何合理的并有能力完成的功能，但至少要增加下列所要求的功能。

① 对相应的级别增加“英雄榜”功能（建议用户看第 8 章的英雄榜——ch8.data.RecordOrShowRecord、ch8.view.Record 和 ch8.view.ShowRecord 类）。当用户成功排列魔板中的方块后，如果成绩能排进前 3 名就弹出一个对话框，将用户的成绩保存到“英雄榜”。

② 能查看“英雄榜”。

③ 在 HandleMove 中增加播放音乐的功能模块，当用户移动方块后程序播放简短的一声音乐(可参见第 8 章的 ch8.view.PlayMusic 类)。用 Java 可以编写播放.au、.aiff、.wav、.midi、.rfm 格式的音频。假设音频文件 hello.au 位于应用程序的当前目录中，对有关播放音乐的知识总结如下：

➢ 创建 File 对象（File 类属于 java.io 包）

```
File musicFile=new File("hello.au");
```

➢ 获取 URI 对象（URI 类属于 java.net 包）

```
URI uri=musicFile.toURI();
```

➢ 获取 URL 对象（URL 类属于 java.net 包）

```
URI url=uri.toURI();
```

➢ 创建音频对象（AudioClip 和 Applet 类属于 java.applet 包）

```
AudioClip clip=Applet.newAudioClip(url);
```

➢ 播放、循环与停止

```
clip.play()  开始播放，
clip.loop()  循环播放，
clip.stop()  停止播放。
```

④ 将魔板游戏改成魔板过关游戏，比如“10 关魔板”。用图像决定难度，因为有些图像好拼图，有些比较困难。用户过了一关后程序就可以自动出现下一关，也可以询问用户是否继续下一关。

❷ 自定义题目

通过老师指导或自己查找资料自创一个题目。

第 8 章 扫雷游戏

8.1 设计要求

扫雷游戏是一款经典的智力游戏。具体要求如下：

① 扫雷游戏分为初级、中级和高级 3 个级别，扫雷英雄榜存储每个级别的最好成绩，即挖出全部的地雷且用时最少者。单击游戏菜单可以选择初级、中级或高级查看英雄榜。

② 选择级别后将出现相应级别的扫雷区域，这时用户单击雷区中的任何一个方块便启动计时器。

③ 用户要揭开某个方块，可单击它。若所揭方块是雷，用户便输了这一局，程序发出爆炸的声音。若所揭方块不是雷，则显示一个数字，该数字代表和该方块相邻的方块中是雷的方块总数（相邻方块最多可有 8 个），同时将周围不是雷的方块揭开。

④ 如果用户认为某个方块是雷，在方块上右击，可以在方块上标识一个用户认为是雷的图标（再单击一次可取消所做的标记），即给出一个扫雷标记，相当于扫雷期间在怀疑是雷的方块上插个小红旗。用户每标记出一个扫雷标记（无论用户的标记是否正确），程序就把“剩余雷数”减少一个，并显示该剩余雷数。

⑤ 扫雷胜利后，如果成绩进入前 3 名，程序会弹出保存成绩的对话框。

程序运行的参考效果图如图 8.1 所示。

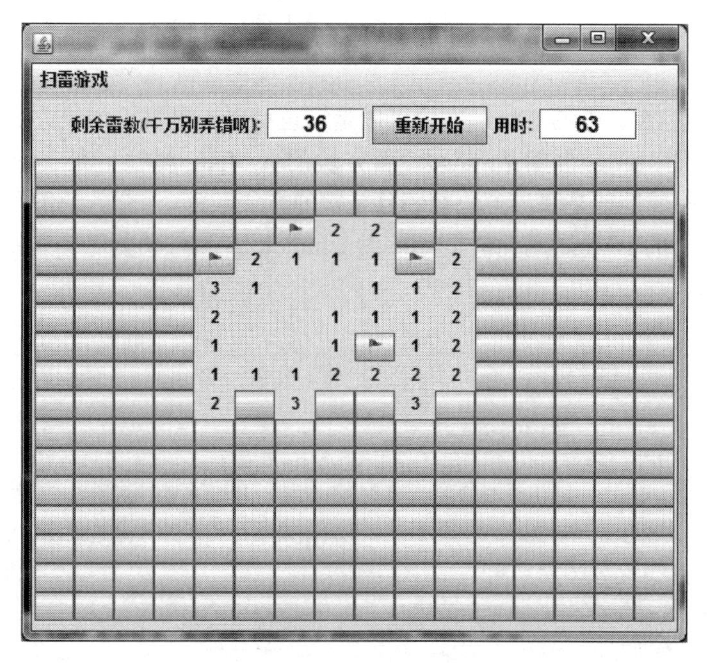

图 8.1　扫雷游戏

注意 我们按照 MVC-Model View Control（模型，视图，控制器）的设计思想展开程序的设计和代码的编写。数据模型部分相当于 MVC 中的 Model 角色，视图设计部分给出的界面部分相当于 MVC 中的 View，视图设计部分给出的事件监视器相当于 MVC 中的 Control。

8.2 数据模型

根据系统设计要求在数据模型部分编写了以下类。

- Block 类：其实例是雷区中的方块。
- LayMines 类：其实例负责在雷区布雷。
- PeopleScoutMine 类：其实例负责在雷区扫雷。
- ViewForBlock 接口：规定了为方块制作视图的方法。
- RecordOrShowRecord 类：其实例负责读/写英雄榜。

数据模型部分涉及的类的 UML 图如图 8.2 所示。

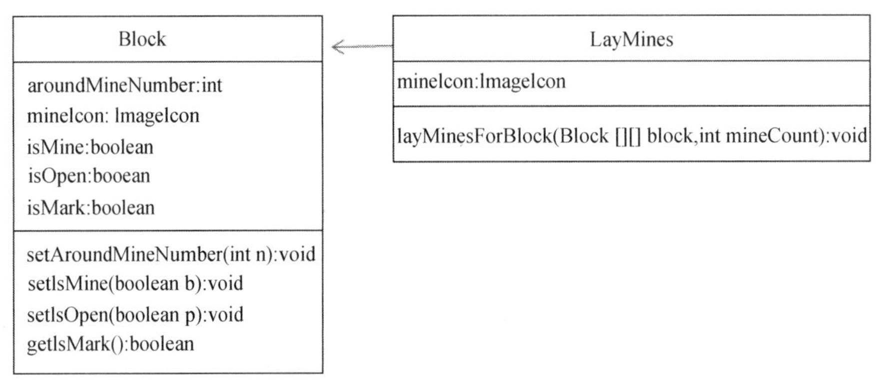

图 8.2　类的 UML 图

❶ 方块

Block 的实例是雷区中的方块，方块可以是雷也可以不是雷。如果方块是雷，该方块的 isMine 属性值就是 true，否则是 false。当方块的 isMine 属性值是 false 时，该方块的 aroundMineNumber 属性值是和该方块相邻且是雷的方块数目（一个方块最多可以有 8 个相邻的方块）。当该方块的 isMine 属性值是 true 时，mineIcon 属性值是一个 ImageIcon 图标的实例（地雷的样子）。

Block.java

```
package ch8.data;
import javax.swing.ImageIcon;
public class Block {
    String name;                    //名字，比如“雷”或数字
    int aroundMineNumber;           //如果不是类，此数据是周围雷的数目
    ImageIcon mineIcon;             //雷的图标
    public boolean isMine=false;    //是否为雷
    boolean isMark=false;           //是否被标记
    boolean isOpen=false;           //是否被挖开
```

```
    ViewForBlock blockView;          //方块的视图
    public void setName(String name) {
       this.name=name;
    }
    public void setAroundMineNumber(int n) {
       aroundMineNumber=n;
    }
    public int getAroundMineNumber() {
       return aroundMineNumber;
    }
    public String getName() {
       return name;
    }
    public boolean isMine() {
       return isMine;
    }
    public void setIsMine(boolean b) {
       isMine=b;
    }
    public void setMineIcon(ImageIcon icon){
       mineIcon=icon;
    }
    public ImageIcon getMineicon(){
       return mineIcon;
    }
    public boolean getIsOpen() {
       return isOpen;
    }
    public void setIsOpen(boolean p) {
       isOpen=p;
    }
    public boolean getIsMark() {
       return isMark;
    }
    public void setIsMark(boolean m) {
       isMark=m;
    }
    public void setBlockView(ViewForBlock view){
      blockView = view;
      blockView.acceptBlock(this);
    }
    public ViewForBlock getBlockView(){
      return  blockView ;
    }
}
```

❷ 布雷

LayMines 类的实例负责在雷区布雷，即随机设置某些方块是雷。

LayMines.java

```
package ch8.data;
import java.util.LinkedList;
import javax.swing.ImageIcon;
public class LayMines {
    ImageIcon mineIcon;                                  //方块上雷的图标
    public LayMines() {
        mineIcon=new ImageIcon("扫雷图片/mine.gif");
    }
    public void initBlock(Block [][] block){     //初始化雷区
       for(int i=0;i<block.length;i++) {
          for(int j=0;j<block[i].length;j++)
            block[i][j].setIsMine(false);
       }
    }
    public void layMinesForBlock(Block [][] block,int mineCount){
                                  //在雷区布置 mineCount 个雷
       initBlock(block);          //将全部方块设置成不是雷
       int row=block.length;
       int column=block[0].length;
       LinkedList<Block> list=new LinkedList<Block>();
       for(int i=0;i<row;i++) {
          for(int j=0;j<column;j++)
            list.add(block[i][j]);
       }
       while(mineCount>0){                               //开始布雷
         int size=list.size();                           //list 返回节点的个数
         int randomIndex=(int)(Math.random()*size);
         Block b=list.get(randomIndex);
         b.setIsMine(true);                              //设置方块是雷
         b.setName("雷");
         b.setMineIcon(mineIcon);
         list.remove(randomIndex);       //list 删除索引值为 randomIndex 的节点
         mineCount--;
      }
      for(int i=0;i<row;i++){            //检查布雷情况，标记每个方块周围雷的数目
        for(int j=0;j<column;j++){
          if(block[i][j].isMine()){
            block[i][j].setIsOpen(false);
            block[i][j].setIsMark(false);
          }
          else {
            int mineNumber=0;
```

```
                for(int k=Math.max(i-1,0);k<=Math.min(i+1,row-1);k++) {
                    for(int t=Math.max(j-1,0);t<=Math.min(j+1,column-1);
                    t++){
                       if(block[k][t].isMine())
                           mineNumber++;
                    }
                }
                block[i][j].setIsOpen(false);
                block[i][j].setIsMark(false);
                block[i][j].setName(""+mineNumber);
                block[i][j].setAroundMineNumber(mineNumber);
                                             //设置该方块周围雷的数目
            }
         }
      }
   }
}
```

❸ 扫雷

PeopleScoutMine 类的实例负责在雷区扫雷。该实例使用方法 Stack<Block> getNoMineAroundBlock(Block bk)寻找不是雷的方块，并将找到的方块压入堆栈，然后返回该堆栈。

如果参数 bk 不是雷，但 bk 相邻的方块中有方块是雷，那么找到的不是雷的方块就是 bk。如果 bk 不是雷，但 bk 相邻的方块中没有任何一个方块是雷，那么就把相邻的方块作为 getNoMineAroundBlock(Block bk)方法的参数继续调用该方法，即 PeopleScoutMine 类的实例用递归方法寻找一个方块周围区域内不是雷的方块，并将这些方块压入堆栈，返回该堆栈。

该实例使用方法 public boolean verifyWin()判断用户是否扫雷成功。如果剩余的、没有揭开的方块数目刚好等于雷区的总雷数，该方法返回 true，否则返回 false。

PeopleScoutMine.java

```
package ch8.data;
import java.util.Stack;
public class PeopleScoutMine {
   public Block [][] block;       //雷区的全部方块
   Stack<Block> notMineBlock;     //存放一个方块周围区域内不是雷的方块
   int m,n ;                      //方块的索引下标
   int row,colum;                 //雷区的行和列
   int mineCount;                 //雷的数目
   public PeopleScoutMine(){
      notMineBlock = new Stack<Block>();
   }
   public void setBlock(Block [][] block,int mineCount){
      this.block = block;
      this.mineCount =  mineCount;
      row = block.length;
```

```
        colum = block[0].length;
    }
    public Stack<Block> getNoMineAroundBlock(Block bk){
                                        //得到方块bk的附近区域不是雷的方块
        notMineBlock.clear();
        for(int i=0;i<row;i++) {        //寻找bk在雷区block中的位置索引
            for(int j=0;j<colum;j++) {
              if(bk == block[i][j]){
                m=i;
                n=j;
                break;
              }
            }
        }
        if(!bk.isMine()) {              //方块不是雷
            show(m,n);                  //见后面的递归方法
        }
        return notMineBlock;
    }
    public void show(int m,int n) {
      if(block[m][n].getAroundMineNumber()>0&&block[m][n].getIsOpen()==
      false){
          block[m][n].setIsOpen(true);
          notMineBlock.push(block[m][n]); //将不是雷的方块压堆栈
          return;
      }
      else if(block[m][n].getAroundMineNumber()==0&&block[m][n].getIsOpen()
      ==false){
          block[m][n].setIsOpen(true);
          notMineBlock.push(block[m][n]); //将不是雷的方块压堆栈
          for(int k=Math.max(m-1,0);k<=Math.min(m+1,row-1);k++) {
             for(int t=Math.max(n-1,0);t<=Math.min(n+1,colum-1);t++)
                 show(k,t);
          }
      }
    }
    public boolean verifyWin(){
        boolean isOK = false;
        int number=0;
        for(int i=0;i<row;i++) {
            for(int j=0;j<colum;j++) {
               if(block[i][j].getIsOpen()==false)
                  number++;
            }
        }
        if(number==mineCount){
```

```
            isOK =true;
        }
        return isOK;
    }
}
```

❹ 视图接口

方块需要一个外观提供给游戏的玩家，以便玩家单击方块或标记方块进行扫雷。ViewForBlock 接口封装了给出视图的方法，例如 void acceptBlock(Block block)方法确定该视图为哪个 Block 实例提供视图。实现 ViewFor 接口的类将在视图（View）设计部分给出，见稍后 8.4 节中的 BlockView 类。

ViewForBlock.java

```
package ch8.data;
public interface ViewForBlock {
    public void acceptBlock(Block block);     //确定为哪个方块提供视图
    public void setDataOnView();               //设置视图上需要显示的数据
    public void seeBlockNameOrIcon();          //显示方块上的名字或图标
    public void seeBlockCover();               //显示视图上的遮挡组件
    public Object getBlockCover();             //得到视图上的遮挡组件
}
```

❺ 英雄榜

使用内置 Derby 数据库 record 存放玩家的成绩（有关内置 Derby 数据库的知识点可参见《Java 2 实用教程》第 5 版的第 11 章或本书的第 3 章）。数据库使用表存放成绩，即表示英雄榜。表中的字段 p_name 的值是玩家的名字，字段 p_time 是玩家的用时。玩家只要排进前 3 名就可以进入英雄榜，英雄榜上原有的第 3 名就退居到第 4 名（英雄榜记录着曾经的扫雷英雄）。RecordOrShowRecord 类的实例可以向英雄榜插入记录或查看英雄榜。

RecordOrShowRecord.java

```
package ch8.data;
import java.sql.*;
public class RecordOrShowRecord{
   Connection con;
   String tableName ;
   int heroNumber=3;      //英雄榜显示的最多英雄数目
   public  RecordOrShowRecord(){
      try{Class.forName("org.apache.derby.jdbc.EmbeddedDriver");
      }
      catch(Exception e){}
   }
   public void setTable(String str){
      tableName = "t_"+str;
      connectDatabase(); //连接数据库

      try {
```

```
        Statement sta = con.createStatement();
        String SQL="create table "+tableName+
       "(p_name varchar(50) ,p_time int)";
        sta.executeUpdate(SQL);//创建表
        con.close();
    }
    catch(SQLException e) {    //如果表已经存在，将触发 SQL 异常，即不再创建该表
    }
}
public boolean addRecord(String name,int time){
     boolean ok  = true;
    if(tableName == null)
       ok = false;
    //检查 time 是否达到标准（进入前 heroNumber 名），见后面的 verifyScore 方法
     int amount = verifyScore(time);
     if(amount >= heroNumber) {
        ok = false;
     }
     else {
        connectDatabase();       //连接数据库
        try {
           String SQL ="insert into "+tableName+" values(?,?)";
           PreparedStatement sta  = con.prepareStatement(SQL);
           sta.setString(1,name);
           sta.setInt(2,time);
           sta.executeUpdate();
           con.close();
           ok = true;
        }
        catch(SQLException e) {
           ok = false;
        }
     }
     return ok;
}
public String [][] queryRecord(){
    if(tableName == null)
       return null;
    String [][] record  = null;
    Statement sql;
    ResultSet rs;
    try {
      sql=
      con.createStatement
     (ResultSet.TYPE_SCROLL_INSENSITIVE,ResultSet.CONCUR_READ_ONLY);
      String str = "select * from "+tableName+" order by p_time ";
```

```
        rs=sql.executeQuery(str);
        boolean boo =rs.last();
        if(boo == false)
           return null;
        int recordAmount =rs.getRow();            //结果集中的全部记录
        record = new String[recordAmount][2];
        rs.beforeFirst();
        int i=0;
        while(rs.next()) {
          record[i][0] = rs.getString(1);
          record[i][1] = rs.getString(2);
          i++;
        }
        con.close();
      }
      catch(SQLException e) {}
      return record;
   }
   private void connectDatabase(){
      try{
         String uri ="jdbc:derby:record;create=true";
         con=DriverManager.getConnection(uri);    //连接数据库，如果不存在就创建

      }
      catch(Exception e){}
   }
   private int verifyScore(int time){
      if(tableName == null)
         return Integer.MAX_VALUE ;
      connectDatabase();                          //连接数据库
      Statement sql;
      ResultSet rs;
      int amount = 0;
      String str =
      "select * from "+tableName+" where p_time < "+time;
      try {
        sql=con.createStatement();
        rs=sql.executeQuery(str);
        while(rs.next()){
           amount++;
        }
        con.close();
      }
      catch(SQLException e) {}
      return amount;
   }
}
```

8.3 简单测试

按照源文件中的包语句将相关的 Java 源文件保存到以下目录中：

```
D:\ch8\data
```

编译各个源文件，例如：

```
D:\>javac ch8/data/Block.java
```

也可以编译全部源文件：

```
D:\>javac ch8/data/*.java
```

把 8.2 节给出的类看作一个小框架，下面用框架中的类编写一个简单的应用程序，测试扫雷，即在命令行表述对象的行为过程，如果表述成功（如果表述困难，说明数据模型不是很合理），那么就为以后的 GUI 程序设计提供了很好的对象功能测试，在后续的 GUI 设计中，重要的工作仅仅是为某些对象提供视图界面，并处理相应的界面事件而已。

AppTest 测试了布雷和扫雷情况，编译 AppTest.java：

```
D:\>javac ch8/test/AppTest.java
```

运行 AppTest 类，效果如图 8.3 所示：

```
D:\>java ch8.test.AppTest
```

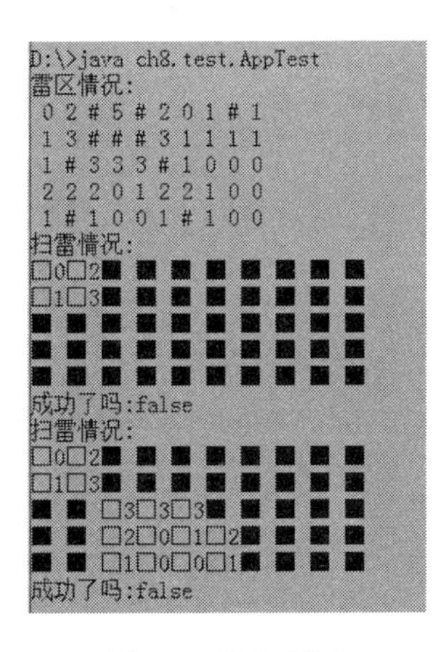

图 8.3　简单测试

AppTest.java

```
package ch8.test;
import ch8.data.*;
import java.util.Stack;
public class AppTest {
  public static void main(String [] args) {
      Block block[][] = new Block[5][10];                           //雷区
      for(int i=0;i<block.length;i++) {
         for(int j = 0;j<block[i].length;j++) {
           block[i][j] = new Block();
         }
      }
      LayMines layMines = new LayMines();                           //布雷者
      PeopleScoutMine peopleScoutMine  = new PeopleScoutMine(); //扫雷者
      layMines.layMinesForBlock(block,10);       //在雷区布雷
      System.out.println("雷区情况:");
      intputShow(block);
      peopleScoutMine.setBlock(block,10);        //准备扫雷
      Stack<Block> stack = peopleScoutMine.getNoMineAroundBlock(block[0][0]);
```

```
                                                      //扫雷
    if(block[0][0].isMine()){
      System.out.println("我的天啊，踩着地雷了啊");
      return;
    }
    System.out.println("扫雷情况:");
    intputProcess(block,stack);
    System.out.println("成功了吗:"+peopleScoutMine.verifyWin());
    if(block[3][3].isMine()){
      System.out.println("我的天啊，踩着地雷了啊");
      return;
    }
    stack = peopleScoutMine.getNoMineAroundBlock(block[3][3]);    //扫雷
    System.out.println("扫雷情况:");
    intputProcess(block,stack);
    System.out.println("成功了吗:"+peopleScoutMine.verifyWin());
}
static void intputProcess(Block [][] block,Stack<Block> stack){
    int k = 0;
    for(int i=0;i<block.length;i++) {
        for(int j = 0;j<block[i].length;j++){
          if(!stack.contains(block[i][j])&&block[i][j].getIsOpen()==
          false){
            System.out.printf("%2s","■ ");    //输出■表示未挖开方块
          }
          else {
            int m = block[i][j].getAroundMineNumber();//显示周围雷的数目
            System.out.printf("%2s","□"+m);
          }
        }
        System.out.println();
    }
}
static void intputShow(Block [][] block){
    int k = 0;
    for(int i=0;i<block.length;i++) {
        for(int j = 0;j<block[i].length;j++){
          if(block[i][j].isMine()){
            System.out.printf("%2s","#");     //输出#表示是地雷
          }
          else {
            int m = block[i][j].getAroundMineNumber();//显示周围雷的数目
            System.out.printf("%2s",m);
          }
        }
        System.out.println();
```

```
            }
        }
    }
```

8.4 视图设计

设计 GUI 程序除了使用 8.2 节给出的类以外，需要使用 javax.swing 包提供的视图（也称 Java Swing 框架）以及处理视图上触发的界面事件。与 8.3 节中简单的测试相比，GUI 程序可以提供更好的用户界面，完成 8.1 节提出的设计要求。

GUI 部分设计的类如下（主要类的 UML 图如图 8.4 所示）。

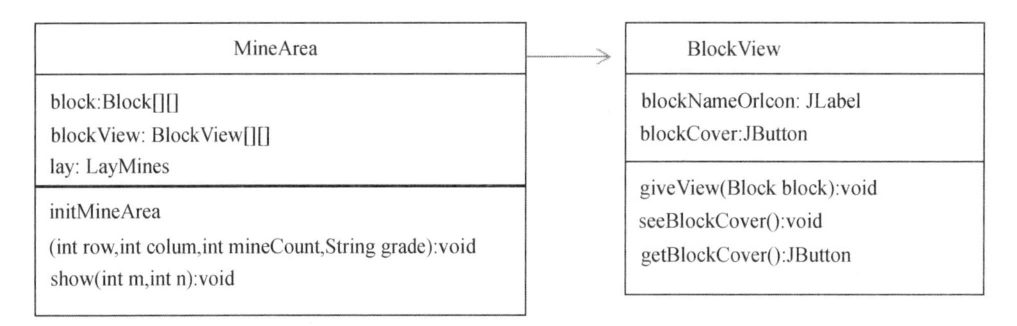

图 8.4　主要类的 UML 图

- BlockView 类：其实例为方块（Block）的视图。
- MineArea 类：其实例是雷区，即由方块组成的区域，其中有些方块是雷，有些方块不是雷。
- ShowRecord 类：其实例负责查看英雄榜。
- Record 类：其实例负责向英雄榜写入英雄。
- PlayMusic 类：其实例负责播放声音。

❶ 视图相关类

BlockView 类是 javax.swing.JPanel 的子类，其实例为方块（Block）提供视图，以便用户通过该视图与 Block 对象交互。BlockView 对象使用一个标签和按钮为 Block 对象提供视图，标签和按钮按照卡片布局（CardLayout）层叠在一起，在默认状态下按钮遮挡住标签，即标签在按钮的下面。用户单击视图中的按钮后，如果 Block 对象是雷，BockView 对象中的标签显示的是雷的图标；如果 Block 对象不是雷，标签显示的是和当前方块相邻且是雷的方块总数。

BlockView 类中的 setDataOnView()方法设置视图中需要显示的数据。例如，如果 Block 对象的 isMine 属性为 true（方块是雷），那么 setDataOnView()方法就将 blockNameOrIcon 标签的文本设置为 Block 对象的 name 属性的值，同时将 blockNameOrIcon 标签的图标设置为 Block 对象的 mineIcon 属性指定的图标。如果 Block 对象的 isMine 属性为 false（方块不是雷），就将 blockNameOrIcon 标签的文本设置为 Block 对象的 aroundMineNumber 属性的值，即周围雷的数目（效果如图 8.5 所示）。seeBlockNameOrIcon()方法让用户看见视图中的标签，无法看见按钮；seeBlockCover()方法让用户看见视图中的按钮，无法看见标签。

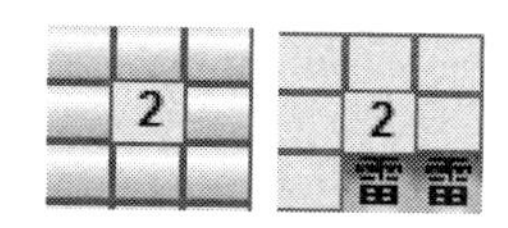

图 8.5　方块的视图

BlockView.java

```
package ch8.view;
import javax.swing.*;
import java.awt.*;
import ch8.data.*;
public class BlockView extends JPanel implements ViewForBlock{
   JLabel blockNameOrIcon; //用来显示 Block 对象的 name、number 和 mineIcon 属性值
   JButton blockCover;     //用来遮挡 blockNameOrIcon
   CardLayout card;        //卡片式布局
   Block block ;           //被提供视图的方块
   BlockView(){
      card=new CardLayout();
      setLayout(card);
      blockNameOrIcon=new JLabel("",JLabel.CENTER);
      blockNameOrIcon.setHorizontalTextPosition(AbstractButton.CENTER);
      blockNameOrIcon.setVerticalTextPosition(AbstractButton.CENTER);
      blockCover=new JButton();
      add("cover",blockCover);
      add("view",blockNameOrIcon);
   }
   public void acceptBlock(Block block){
       this.block = block;
   }
   public void setDataOnView(){
      if(block.isMine()){
         blockNameOrIcon.setText(block.getName());
         blockNameOrIcon.setIcon(block.getMineicon());
      }
      else {
         int n=block.getAroundMineNumber();
         if(n>=1)
           blockNameOrIcon.setText(""+n);
         else
           blockNameOrIcon.setText(" ");
      }
   }
   public void seeBlockNameOrIcon(){
      card.show(this,"view");
      validate();
   }
   public void seeBlockCover(){
```

```
            card.show(this,"cover");
            validate();
        }
        public JButton getBlockCover(){
            return blockCover;
        }
    }
```

❷ 雷区与监视器

MineArea 是 javax.swing.JPanel 的子类，其实例是雷区（效果如图 8.6 所示），雷区同时指定自己作为当前视图上界面事件的事件监视器。用户单击方块视图触发 ActionEvent 事件后，如果方块是雷，用户就输掉了扫雷游戏，程序播放雷爆炸的声音；如果不是雷，雷区就让扫雷者开始扫雷（找出周围不是雷的方块）。

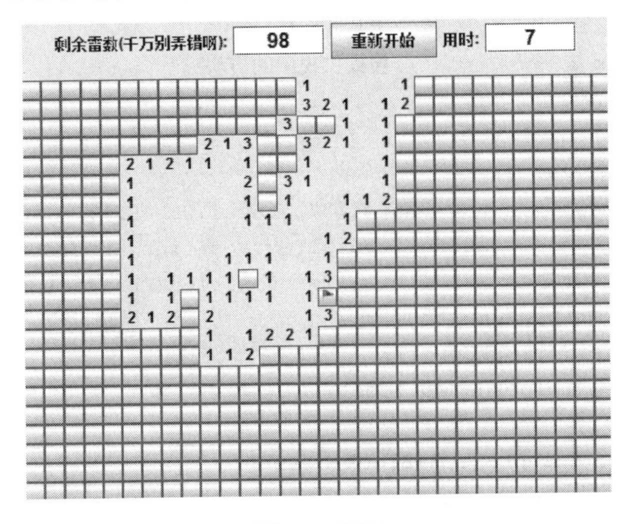

图 8.6　雷区

用户在方块上右击，可以将某个方块标记（用小红旗）为是雷（但不一定真是雷，看探雷水平），再次单击可取消所作的标记。

用户扫雷成功：剩余的、没有揭开的方块数目刚好等于雷区的总雷数，则由 Record 的实例负责判断用户是否可上英雄榜。

MineArea.java

```
package ch8.view;
import java.awt.*;
import java.awt.event.*;
import javax.swing.*;
import ch8.data.*;
import java.util.Stack;
public class MineArea extends JPanel implements ActionListener,MouseListener{
    JButton reStart;
    Block [][] block;                //雷区的方块
    BlockView [][] blockView;        //方块的视图
```

```
  LayMines lay;                        //负责布雷
  PeopleScoutMine peopleScoutMine;     //负责扫雷
  int row,colum,mineCount,markMount;
                                //雷区的行数、列数以及地雷个数和用户给出的标记数
  ImageIcon mark;               //探雷作的标记
  String grade;                 //游戏级别
  JPanel pCenter,pNorth;        //布局用的面板
  JTextField showTime,showMarkedMineCount;
                                //显示用时和探雷作的标记数目（不一定是雷）
  Timer time;                   //计时器
  int spendTime=0;              //扫雷的用时
  Record record;                //负责记录到英雄榜
  PlayMusic playMusic;          //负责播放雷爆炸的声音
  public MineArea(int row,int colum,int mineCount,String grade) {
     record = new Record();  //负责保存成绩到英雄榜
     reStart=new JButton("重新开始");
     mark=new ImageIcon("扫雷图片/mark.png");      //探雷标记
     time=new Timer(1000,this);  //计时器，每隔一秒触发一次 ActionEvent 事件
     showTime=new JTextField(5);
     showMarkedMineCount=new JTextField(5);
     showTime.setHorizontalAlignment(JTextField.CENTER);
     showMarkedMineCount.setHorizontalAlignment(JTextField.CENTER);
     showMarkedMineCount.setFont(new Font("Arial",Font.BOLD,16));
     showTime.setFont(new Font("Arial",Font.BOLD,16));
     pCenter=new JPanel();
     pNorth=new JPanel();
     lay=new LayMines();                              //创建布雷者
     peopleScoutMine = new PeopleScoutMine();         //创建扫雷者
     initMineArea(row,colum,mineCount,grade);
                                   //初始化雷区，见下面的 initMineArea 方法
     reStart.addActionListener(this);
     pNorth.add(new JLabel("剩余雷数(千万别弄错啊):"));
     pNorth.add(showMarkedMineCount);
     pNorth.add(reStart);
     pNorth.add(new JLabel("用时:"));
     pNorth.add(showTime);
     setLayout(new BorderLayout());
     add(pNorth,BorderLayout.NORTH);
     add(pCenter,BorderLayout.CENTER);
     playMusic = new PlayMusic();                     //负责播放触雷爆炸的声音
     playMusic.setClipFile("扫雷图片/mine.wav");
}
public void initMineArea(int row,int colum,int mineCount,String grade){
   pCenter.removeAll();
   spendTime=0;
   markMount=mineCount;
```

```
    this.row=row;
    this.colum=colum;
    this.mineCount=mineCount;
    this.grade=grade;
    block=new Block[row][colum];
    for(int i=0;i<row;i++){
      for(int j=0;j<colum;j++)
           block[i][j]=new Block();
    }
    lay.layMinesForBlock(block,mineCount);          //布雷
    peopleScoutMine.setBlock(block,mineCount);      //准备扫雷
    blockView=new BlockView[row][colum];            //创建方块的视图
    pCenter.setLayout(new GridLayout(row,colum));
    for(int i=0;i<row;i++) {
       for(int j=0;j<colum;j++) {
            blockView[i][j]=new BlockView();
            block[i][j].setBlockView(blockView[i][j]); //方块设置自己的视图
            blockView[i][j].setDataOnView();   //将block[i][j]的数据放入视图
            pCenter.add(blockView[i][j]);
            blockView[i][j].getBlockCover().addActionListener(this);
                                                //注册监视器
            blockView[i][j].getBlockCover().addMouseListener(this);
            blockView[i][j].seeBlockCover();
                                            //初始时盖住block[i][j]的数据信息
            blockView[i][j].getBlockCover().setEnabled(true);
            blockView[i][j].getBlockCover().setIcon(null);
       }
    }
    showMarkedMineCount.setText(""+markMount);
    repaint();
  }
 public void setRow(int row){
    this.row=row;
 }
 public void setColum(int colum){
    this.colum=colum;
 }
 public void setMineCount(int mineCount){
    this.mineCount=mineCount;
 }
 public void setGrade(String grade) {
    this.grade=grade;
 }
 public void actionPerformed(ActionEvent e) {
     if(e.getSource()!=reStart&&e.getSource()!=time) {
       time.start();
```

```
        int m=-1,n=-1;
        for(int i=0;i<row;i++) { //找到单击的方块以及它的位置索引
           for(int j=0;j<colum;j++) {
             if(e.getSource()==blockView[i][j].getBlockCover()){
                m=i;
                n=j;
                break;
             }
           }
        }
        if(block[m][n].isMine()) { //用户输掉游戏
           for(int i=0;i<row;i++) {
              for(int j=0;j<colum;j++) {
                 blockView[i][j].getBlockCover().setEnabled(false);
                                                      //用户单击无效了
                 if(block[i][j].isMine())
                    blockView[i][j].seeBlockNameOrIcon();
                                                      //视图显示方块上的数据信息
              }
           }
           time.stop();
           spendTime=0;                              //恢复初始值
           markMount=mineCount;                      //恢复初始值
           playMusic.playMusic();                    //播放类爆炸的声音
      }
      else {  //扫雷者得到block[m][n]周围区域不是雷的方块
           Stack<Block> notMineBlock =peopleScoutMine.getNoMineAroundBlock
           (block[m][n]);
           while(!notMineBlock.empty()){
              Block bk = notMineBlock.pop();
              ViewForBlock viewforBlock = bk.getBlockView();
              viewforBlock.seeBlockNameOrIcon();     //视图显示方块上的数据信息
              System.out.println("ookk");
           }
      }
   }
   if(e.getSource()==reStart) {
      initMineArea(row,colum,mineCount,grade);
      repaint();
      validate();
   }
   if(e.getSource()==time){
      spendTime++;
      showTime.setText(""+spendTime);
   }
   if(peopleScoutMine.verifyWin()) {                  //判断用户是否扫雷成功
```

```
            time.stop();
            record.setGrade(grade);
            record.setTime(spendTime);
            record.setVisible(true);      //弹出录入到英雄榜对话框
        }
      }
      public void mousePressed(MouseEvent e){
                                  //探雷：给方块上插一个小旗图标（再次单击取消）
         JButton source=(JButton)e.getSource();
         for(int i=0;i<row;i++) {
            for(int j=0;j<colum;j++) {
              if(e.getModifiers()==InputEvent.BUTTON3_MASK&&
                source==blockView[i][j].getBlockCover()){
                if(block[i][j].getIsMark()) {
                       source.setIcon(null);
                       block[i][j].setIsMark(false);
                       markMount=markMount+1;
                       showMarkedMineCount.setText(""+markMount);
                }
                else{
                       source.setIcon(mark);
                       block[i][j].setIsMark(true);
                       markMount=markMount-1;
                       showMarkedMineCount.setText(""+markMount);
                }
              }
            }
         }
      }
      public void mouseReleased(MouseEvent e){}
      public void mouseEntered(MouseEvent e){}
      public void mouseExited(MouseEvent e){}
      public void mouseClicked(MouseEvent e){}
   }
```

❸ 读/写英雄榜的视图

1）Record 类

Record 类是 javax.swing.JDialog 的子类，其实例是对话框，提供用户输入姓名的界面。用户输入姓名后对话框自动获得用户的成绩，然后委托 RecordOrShowRecord 的实例检查用户是否可上英雄榜。如果可以上英雄榜，就将用户姓名和成绩录入英雄榜，否则提示用户不能上榜（效果如图 8.7 所示）。

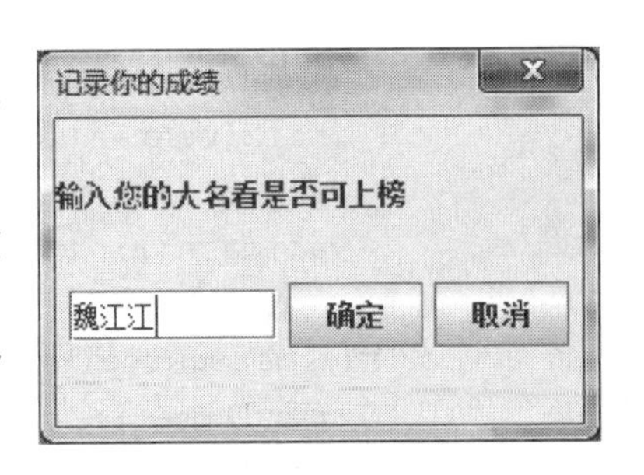

图 8.7　录入英雄榜

Record.java

```
package ch8.view;
```

```
import javax.swing.*;
import java.awt.event.*;
import ch8.data.RecordOrShowRecord;
public class Record extends JDialog implements ActionListener{
   int time=0;
   String grade=null;
   String key=null;
   String message=null;
   JTextField textName;
   JLabel label=null;
   JButton confirm,cancel;
   public Record(){
      setTitle("记录你的成绩");
      this.time=time;
      this.grade=grade;
      setBounds(100,100,240,160);
      setResizable(false);
      setModal(true);
      confirm=new JButton("确定");
      cancel=new JButton("取消");
      textName=new JTextField(8);
      textName.setText("匿名");
      confirm.addActionListener(this);
      cancel.addActionListener(this);
      setLayout(new java.awt.GridLayout(2,1));
      label=new JLabel("输入您的大名看是否可上榜");
      add(label);
      JPanel p=new JPanel();
      p.add(textName);
      p.add(confirm);
      p.add(cancel);
      add(p);
      setDefaultCloseOperation(JFrame.HIDE_ON_CLOSE);
  }
  public void setGrade(String grade){
      this.grade=grade;
  }
  public void setTime(int time){
      this.time=time;
  }
  public void actionPerformed(ActionEvent e){
     if(e.getSource()==confirm){
        String name = textName.getText();
        writeRecord(name,time);
        setVisible(false);
     }
```

```
        if(e.getSource()==cancel){
            setVisible(false);
        }
    }
    public void  writeRecord(String name,int time){
        RecordOrShowRecord rd = new RecordOrShowRecord();
        rd.setTable(grade);
        boolean boo= rd.addRecord(name,time);
        if(boo){
          JOptionPane.showMessageDialog
            (null,"恭喜您，上榜了","消息框", JOptionPane.WARNING_MESSAGE);
        }
        else {
          JOptionPane.showMessageDialog
            (null,"成绩不能上榜","消息框", JOptionPane.WARNING_MESSAGE);
        }
    }
}
```

2）ShowRecord 类

ShowRecord 类是 javax.swing.JDialog 的子类，其实例是对话框，提供显示英雄榜的界面，可以按成绩从高到低显示曾经登上过英雄榜的英雄们（效果如图 8.8 所示）。

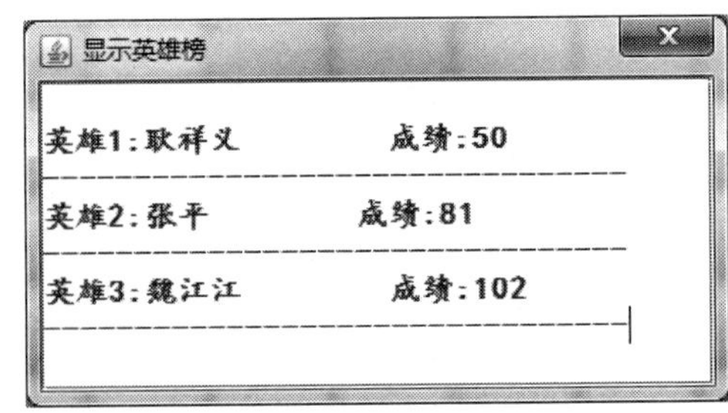

图 8.8　英雄榜

ShowRecord.java

```
package ch8.view;
import java.awt.*;
import javax.swing.*;
import ch8.data.RecordOrShowRecord;
public class ShowRecord extends JDialog {
   String [][] record;
   JTextArea showMess;
   RecordOrShowRecord rd;//负责查询数据库的对象
   public ShowRecord() {
      rd = new RecordOrShowRecord();
      showMess = new JTextArea();
      showMess.setFont(new Font("楷体",Font.BOLD,15));
      add(new JScrollPane(showMess));
      setTitle("显示英雄榜");
      setBounds(400,200,400,300);
      setDefaultCloseOperation(JFrame.DISPOSE_ON_CLOSE);
   }
   public void setGrade(String grade){
      rd.setTable(grade);
   }
```

```
    public void setRecord(String [][]record){
       this.record=record;
    }
    public void showRecord() {
        showMess.setText(null);
        record = rd.queryRecord();
        if(record == null ) {
          JOptionPane.showMessageDialog
             (null,"没人上榜呢","消息框", JOptionPane.WARNING_MESSAGE);
        }
        else {
          for(int i =0 ;i<record.length;i++){
               int m = i+1;
               showMess.append("\n 英雄"+m+":"+record[i][0]+" "+"成绩:"+record
               [i][1]);
               showMess.append("\n---------------------------------");
          }
          setVisible(true);
       }
    }
 }
```

8.5　GUI程序

将“扫雷图片”文件夹保存在包名目录的父目录中（这里需要保存在 D:\中）。在“扫雷图像”文件夹里需要有名字是 mark.png、mine.gif 的图像和名字是 mine.wav 的声音文件（代码中需要使用它们）。

Derby 是一个纯 Java 实现、开源的数据库管理系统。在安装 JDK 之后（1.6 或更高版本），会在安装目录下找到一个名字是 db 的子目录，在该目录下的 lib 子目录中提供了操作 Derby 数据库所需要的类（加载驱动的类），需要把 Java 安装目录“\db\lib”下的 JAR 文件 derby.jar 复制到 Java 运行环境（JRE）的扩展中，例如：

```
D\jdk1.8\db\lib
```

即将这些 JAR 文件存放在 JDK 安装目录的“\jre\lib\ext”目录中，例如复制到以下目录中：

```
E:\jdk1.8\jre\lib\ext
```

另外，在安装JDK的同时还额外安装了一个Java运行环境(JRE)，默认安装在“C:\Program Files (x86)”或“C:\Program Files”中，在设置环境变量（path）时设置了优先使用该 Java 运行环境，因此需要把 derby.jar 也复制到该 Java 运行环境的扩展中。

按照源文件中的包语句将 8.4 节中相关的源文件保存到以下目录中：

```
D:\ch8\view
```

编译各个源文件，例如：

```
D:\>javac ch8/view/BlockView.java
```

也可以一次编译多个源文件：

```
D:\>javac ch8/view/*.java
```

把 8.2 节和 8.4 节给出的类看作一个小框架，下面用框架中的类编写 GUI 应用程序，完成 8.1 节给出的设计要。

将 AppWindow.java 源文件按照包名保存到以下目录中：

```
D:\ch8\gui
```

编译源文件：

```
D:\>javac ch8\gui\AppWindow.java
```

运行 AppWindow 类（运行效果如本章开始给出的图 8.1）：

```
D:\>java ch8.gui.AppWindow
```

AppWindow 窗口中有“扫雷游戏”菜单，该菜单中有“初级”“中级”和“高级”子菜单，3 个子菜单分别有查看当前级别英雄榜的菜单项。用户选择相应级别的菜单，窗口中呈现相应级别的雷区，选择某级别下的英雄榜菜单项可以查看该级别的英雄榜。

AppWindow.java

```
package ch8.gui;
import java.awt.*;
import javax.swing.*;
import javax.swing.event.*;
import java.awt.event.*;
import ch8.view.MineArea;
import ch8.view.ShowRecord;
public class AppWindow extends JFrame implements MenuListener,ActionListener{
    JMenuBar bar;
    JMenu fileMenu;
    JMenu gradeOne,gradeTwo,gradeThree; //扫雷级别
    JMenuItem gradeOneList,gradeTwoList,gradeThreeList;//初、中、高级英雄榜
    MineArea mineArea=null;              //扫雷区域
    ShowRecord showHeroRecord=null;      //查看英雄榜
    public AppWindow(){
       bar=new JMenuBar();
       fileMenu=new JMenu("扫雷游戏");
       gradeOne=new JMenu("初级");
       gradeTwo=new JMenu("中级");
       gradeThree=new JMenu("高级");
       gradeOneList=new JMenuItem("初级英雄榜");
       gradeTwoList=new JMenuItem("中级英雄榜");
```

```
    gradeThreeList=new JMenuItem("高级英雄榜");
    gradeOne.add(gradeOneList);
    gradeTwo.add(gradeTwoList);
    gradeThree.add(gradeThreeList);
    fileMenu.add(gradeOne);
    fileMenu.add(gradeTwo);
    fileMenu.add(gradeThree);
    bar.add(fileMenu);
    setJMenuBar(bar);
    gradeOne.addMenuListener(this);
    gradeTwo.addMenuListener(this);
    gradeThree.addMenuListener(this);
    gradeOneList.addActionListener(this);
    gradeTwoList.addActionListener(this);
    gradeThreeList.addActionListener(this);
    mineArea=new MineArea(9,9,10,gradeOne.getText());//创建初级扫雷区
    add(mineArea,BorderLayout.CENTER);
    showHeroRecord=new ShowRecord();
    setBounds(300,100,500,450);
    setVisible(true);
    setDefaultCloseOperation(JFrame.EXIT_ON_CLOSE);
    validate();
}
public void menuSelected(MenuEvent e){
  if(e.getSource()==gradeOne){
       mineArea.initMineArea(9,9,10,gradeOne.getText());
       validate();
  }
  else if(e.getSource()==gradeTwo){
       mineArea.initMineArea(16,16,40,gradeTwo.getText());
       validate();
  }
  else if(e.getSource()==gradeThree){
       mineArea.initMineArea(22,30,99,gradeThree.getText());
       validate();
  }
}
public void menuCanceled(MenuEvent e){}
public void menuDeselected(MenuEvent e){}
public void actionPerformed(ActionEvent e){
  if(e.getSource()==gradeOneList){
       showHeroRecord.setGrade(gradeOne.getText());
       showHeroRecord.showRecord();
  }
  else if(e.getSource()==gradeTwoList){
       showHeroRecord.setGrade(gradeTwo.getText());
```

```
                showHeroRecord.showRecord();
            }
            else if(e.getSource()==gradeThreeList){
                showHeroRecord.setGrade(gradeThree.getText());
                showHeroRecord.showRecord();
            }
        }
    public static void main(String args[]){
        new AppWindow();
    }
}
```

8.6 程序发布

用户可以使用 jar.exe 命令制作 JAR 文件来发布软件。

❶ 清单文件

编写以下清单文件（用记事本保存时需要将保存类型选择为“所有文件(*.*)”)：

ch8.mf

```
Manifest-Version: 1.0
Main-Class: ch8.gui.AppWindow
Created-By: 1.8
```

将 ch8.mf 保存到 D:\:，即保存在包名目录的上一层目录中。

> **注意** 清单中的 Manifest-Version 和 1.0 之间、Main-Class 和主类 ch8.gui.AppWindow 之间以及 Created-By 和 1.8 之间必须有且只有一个空格。

❷ 用批处理文件发布程序

在命令行中使用 jar 命令创建 JAR 文件：

```
D:\>jar  cfm  MineClearance.jar  ch8.mf   ch8/data/*.class  ch8/view/*.class
ch8/gui/*.class
```

其中，参数 c 表示要生成一个新的 JAR 文件，f 表示要生成的 JAR 文件的名字，m 表示清单文件的名字。如果没有任何错误提示，在 D:\下将产生一个名字是 MineClearance.jar 的文件。

编写以下 mineClearance.bat，用记事本保存该文件时需要将保存类型选择为“所有文件(*.*)”。

mineClearance.bat

```
path.\jre\bin
pause
javaw -jar MineClearance.jar
```

将该文件保存到自己命名的某个文件夹中，例如名字是 2000 的文件夹中。然后将

MineClearance.jar 以及 JRE（即调试程序使用的 JDK 安装目录下的 JRE 子目录）复制到 2000 文件夹中，将“扫雷图片”文件夹也复制到 2000 文件夹中。

可以将 2000 文件夹作为软件发布，也可以用压缩工具将 2000 文件夹下的所有文件压缩成.zip 或.jar 文件发布。用户解压后双击 mineClearance.bat 即可运行程序。

如果客户的计算机上有 JRE，可以不把 JRE 复制到 2000 文件夹中，同时去除.bat 文件中的“path.\jre\bin”内容，并提示用户将 Derby 数据库所需要的类复制到 JRE 的扩展中。

mineClearance.bat

```
echo 将 Derby 数据库所需要的类复制到 JRE 的扩展中
pause
javaw -jar MineClearance.jar
```

8.7　课设题目

❶ 扫雷游戏

在学习本章代码的基础上改进扫雷游戏，可为程序增加任何合理的并有能力完成的功能，但至少要增加下列所要求的 1～3 功能（第 4 个功能可独立进行）。

① 在 AppWindow 增加自定义级别菜单项。用户单击该菜单，弹出有模式对话框，用户可以输入雷区的行数、列数、雷数以及级别名称。

② 在扫雷过程中，如果单击的方块不是雷，程序播放简短的愉悦音乐，右击，在方块上做雷的标记时也播放一个提示音乐。

③ 将扫雷游戏改成过关游戏，比如“3 关扫雷”。用户过了一关后，程序就可以自动出现下一关，也可以询问用户是否继续下一关。

❷ 自定义题目

通过老师指导或自己查找资料自创一个题目。

图书资源支持

感谢您一直以来对清华版图书的支持和爱护。为了配合本书的使用，本书提供配套的资源，有需求的读者请扫描下方的“书圈”微信公众号二维码，在图书专区下载，也可以拨打电话或发送电子邮件咨询。

如果您在使用本书的过程中遇到了什么问题，或者有相关图书出版计划，也请您发邮件告诉我们，以便我们更好地为您服务。

我们的联系方式：

地　　址：北京海淀区双清路学研大厦 A 座 707

邮　　编：100084

电　　话：010－62770175－4604

资源下载：http://www.tup.com.cn

电子邮件：weijj@tup.tsinghua.edu.cn

QQ：883604（请写明您的单位和姓名）

资源下载、样书申请

书圈

用微信扫一扫右边的二维码，即可关注清华大学出版社公众号“书圈”。